超越 Protel 创新电子设计丛书

Altium Designer EDA 设计与实践

李 磊　梁志明　华文龙　编著

北京航空航天大学出版社

内 容 简 介

本书详细介绍 Altium Designer EDA 系统设计功能和操作方法。全面介绍了 NanoBoard 系列平台的特点和功能、Altium Designer 中 EDA 设计流程、Altium Designer EDA 系统板级调试以及 IP 软核设计方法、8 位软核处理器系统的设计流程、32 位软核处理器系统设计流程、OpenBus 系统设计以及 Altium Designer 和第三方平台的调试和下载方法。

本书适合作为各大中专院校相关专业和培训班的教材，也可以作为电子、电气、自动化等相关专业人员学习和参考用书。Altium 公司对本书内容进行了审核。本书由 Altium 公司授权出版。

图书在版编目(CIP)数据

Altium Designer EDA 设计与实践 / 李磊，梁志明，华文龙编著. -- 北京：北京航空航天大学出版社，2011.8

ISBN 978-7-5124-0519-6

Ⅰ.①A… Ⅱ.①李…②梁…③华… Ⅲ.①印刷电路—计算机辅助设计—应用软件，Altium Designer EDA Ⅳ.①TN410.2

中国版本图书馆 CIP 数据核字(2011)第 139347 号

版权所有，侵权必究。

Altium Designer EDA 设计与实践

李 磊 梁志明 华文龙 编著

责任编辑 苗长江

*

北京航空航天大学出版社出版发行

北京市海淀区学院路 37 号（邮编 100191） http://www.buaapress.com.cn
发行部电话：(010)82317024 传真：(010)82328026
读者信箱：emsbook@gmail.com 邮购电话：(010)82316936
涿州市新华印刷有限公司印装 各地书店经销

*

开本：787 mm×960 mm 1/16 印张：16.25 字数：364 千字
2011 年 8 月第 1 版 2011 年 8 月第 1 次印刷 印数：4 000 册
ISBN 978-7-5124-0519-6 定价：32.00 元

若本书有倒页、脱页、缺页等印装质量问题，请与本社发行部联系调换。联系电话：(010)82317024

前言

随着电子工业和微电子设计技术与工艺的飞速发展,FPGA 因其设计的灵活性、可重用性以及开发速度块、周期短等特点,在现代电路系统设计中得到了广泛运用。能够使用 FPGA 进行应用系统的设计已渐渐成为电子信息专业学生必须掌握的技能之一。Altium 公司作为全球最知名的电子设计软件生产企业,在电子设计领域和电子设计工具方面一直引导最新潮流。其新一代电子设计软件——Altium Designer 不仅延续了 Protel 强大的 PCB 设计功能,同时也提供了完善且高效的 EDA 开发功能。Altium Designer 创造性地将多类设计进行了融合,将不同企业的 FPGA 开发环境进行了统一,将 PCB、EDA 系统设计、IP 软核工程设计操作流程进行了统一,提高了电子系统设计的效率。

Altium Designer EDA 设计功能高效且操作简单,包括了:

1. 多种设计输入

Altium Designer 提供了硬件语言输入和原理图输入两种输入方式。硬件语言不仅支持 VHDL 和 VerilogHDL,同时也支持最新的 Hardware C 方式输入。在设计结构上,Altium Designer 支持分模块、多层次、硬件描述语言/原理图的混合输入方式,以满足不同工程设计的需求。

2. 逻辑仿真功能

Altium Designer 提供了高效的逻辑仿真功能——TestBench,帮助用户对 EDA 设计进行逻辑仿真。灵活的仿真设置帮助用户快速便捷地得到逻辑仿真结果。

3. 可视化的工程编译操作功能

Altium Designer 提供了便捷的工程编译操作。用户可通过可视化的工程编译操作功能对工程在编译、综合、建立和下载的每一个过程和环节进行控制和独立操作。Altium Designer 在每个工程编译操作过程中可快速便捷地生成报告,详细地表述过程中的信息。

4. NanoBoard 平台和第三方平台板级调试

Altium Designer 提供了强大的板级调试功能,支持包括 NanoBoard 系列平台和任意第三方 FPGA 开发平台的连接。可视化板级操作提供了下载设置和 NanoBoard 系列平台的时钟输入、启动设置等功能;可视化在线虚拟仪器操作,具备了高效的在线交互调试功能,能够帮助用户高效地完成板级调试。

5. IP 软核设计功能

Altium Designer 提供了完整的 IP 软核设计功能,包括了 IP 软核的设计输入、验证、综合和发布,进一步帮助用户提高 EDA 系统设计效率。

6. 多元化的 SOPC 设计功能

Altium Designer 在软核处理器的类型上提供了从 8 位到 32 位嵌入式软核 SOPC 设计输入,在设计方式上提供了传统的原理图输入方式和全新的 OpenBus 输入方式,为用户提供了多元化的 SOPC 系统设计选择,使得用户可以选择最恰当的设计方式,提高用户的设计效率。

为了让用户更好地应用 Altium Designer 展开 EDA 系统设计工作,在 Altium 公司的帮助下,本书以最简洁的设计案例详细介绍了每个功能的使用方法和操作流程。

本书由李磊、梁志明、华文龙编著。特别感谢徐向民教授、邢晓芬老师、邓洪波老师为本书提出的宝贵意见。本书中的资料来自于 Altium 公司,并在编写中得到了 Altium 公司的鼎力支持,在此一并表示感谢。

由于编者本身水平有限,如果书中存在错误和不妥之处,敬请读者批评指正。

作　者

eelilei@scut.edu.cn

2011 年 5 月

目 录

第1章 Altium Designer 平台与 EDA 设计 … 1
1.1 Altium Designer 与电子设计的发展 …… 1
  1.1.1 Altium Designer 平台性能 ………… 2
  1.1.2 多用户的协同开发 ………………… 2
1.2 EDA 设计与 Altium Designer 融合 …… 3
  1.2.1 丰富的 IP 库资源 ………………… 5
  1.2.2 可视化的工程操作 ………………… 5
  1.2.3 强大的 SOPC 设计能力 …………… 5
  1.2.4 简单而实用 IP 设计功能 ………… 9
  1.2.5 便捷的虚拟仪器调试 ……………… 10
  1.2.6 高效的 TestBench 设计功能 ……… 11
1.3 可重构的硬件开发平台和突破传统设计流程 ……………………………………… 11
  1.3.1 可重构的硬件平台 ………………… 11
  1.3.2 统一的开发环境 …………………… 13
  1.3.3 高效的板级在线调试 ……………… 14
1.4 丰富的在线网络资源 ……………………… 15
1.5 Altium Designer 工程层次结构 ………… 16

第2章 电子系统设计的创新验证平台 … 18
2.1 NBII ………………………………………… 18
  2.1.1 NBII 介绍 …………………………… 18
  2.1.2 NBII 的主要功能 …………………… 18
  2.1.3 NBII 的结构特点 …………………… 19
  2.1.4 NBII 板载资源 ……………………… 20
2.2 NB3000 系列 ……………………………… 21
  2.2.1 NB3000 介绍 ………………………… 21
  2.2.2 NB3000 的系统结构 ………………… 22

2.2.3 NB3000 的系统资源 ………………… 22
2.2.4 NB3000 的外围接口 ………………… 27
2.3 深入 NB3000 ……………………………… 30
  2.3.1 NB3000 快速构建电子系统设计原型 …………………………………… 30
  2.3.2 音乐霹雳彩灯设计 ………………… 31

第3章 Altium Designer FPGA 系统设计 … 50
3.1 EDA 设计流程简介 ……………………… 50
3.2 Altium Designer EDA 设计平台的特点 ……………………………………… 53
3.3 Altium Designer EDA 开发流程介绍 … 56
  3.3.1 新建 FPGA 工程 …………………… 56
  3.3.2 HDL 方法设计子模块驱动 ………… 57
3.4 Altium Designer 逻辑功能仿真 ………… 61
  3.4.1 仿真的类型 ………………………… 61
  3.4.2 Altium Designer TestBench 基本结构 ……………………………………… 61
  3.4.3 Altium Designer TestBench 操作步骤 ……………………………………… 63
  3.4.4 测试信号的产生 …………………… 63
  3.4.5 初次启动 TestBench 仿真 ………… 65
3.5 Altium Designer 原理图输入法设计 … 67
  3.5.1 原理图分层设计流程与图标创建 … 67
  3.5.2 原理图模块连接设计 ……………… 73
  3.5.3 原理图设计逻辑仿真 ……………… 78
  3.5.4 原理图调用器件库内元件设计 …… 82
3.6 Altium Designer 常用操作介绍 ………… 85

3.6.1 原理图 IP 库介绍 …………………… 85
3.6.2 原理图放置器件 …………………… 86
3.6.3 原理图信号的连接 ………………… 87
3.6.4 器件图标序号的快速添加 ………… 88
3.6.5 电源与地的作用 …………………… 88

第4章 FPGA 工程的系统验证与 IP 封装方法 ……………………… 89

4.1 FPGA 工程的系统验证简介 ………… 89
4.2 FPGA 工程下载的基本流程 ………… 90
4.3 NanoBoard 开发平台与 Altium Designer 的操作 …………………… 90
　4.3.1 NanoBoard 与 Altium Designer 的连接 …………………………… 90
　4.3.2 Altium Designer 与 NanoBoard 的可视化操作 …………………… 91
4.4 建立 FPGA 工程约束条件 …………… 94
　4.4.1 约束文件语法定义 ……………… 94
　4.4.2 约束文件的输入与添加 ………… 98
4.5 Altium Designer 编译、综合与下载 … 99
4.6 采用标准的 Nano 平台完成下载 …… 103
4.7 虚拟仪器的使用 …………………… 106
4.8 核心工程设计与 IP 封装设计 ……… 116
　4.8.1 设计与发布 IP 器件 …………… 116
　4.8.2 验证 IP 器件 …………………… 121

第5章 Altium Designer 片上嵌入式系统设计 ……………………… 124

5.1 8 位处理器 TSK51 内核 ……………… 124
　5.1.1 TSK51 系列微处理器 …………… 124
　5.1.2 TSK51x 引脚定义 ……………… 125
　5.1.3 TSK51x 存储器管理 …………… 128
5.2 基于 TSK51 的嵌入式软件开发环境 … 131
　5.2.1 嵌入式软件编译环境 …………… 131
　5.2.2 创建一个嵌入式工程 …………… 133
　5.2.3 设置嵌入式工程选项 …………… 135
　5.2.4 构建嵌入式应用 ………………… 136

5.2.5 调试嵌入式应用 ………………… 137
5.3 Altium Designer 8 位嵌入式 FPGA 系统设计流程 ……………………… 139
　5.3.1 Altium Designer 图形化设计流程控制 …………………………… 139
　5.3.2 基于 Nexus 协议的 JTAG 软链 … 151
　5.3.3 嵌入式工程的在线调试 ………… 155

第6章 基于 TSK3000A 的 32 位片上嵌入式系统设计 ……………… 160

6.1 TSK3000A 32 位软核处理器的特点 … 160
　6.1.1 软核处理器的应用优势 ………… 161
　6.1.2 TSK3000A 处理器的特性 ……… 162
6.2 TSK3000A 32 位处理器的介绍 ……… 162
　6.2.1 引脚介绍 ………………………… 163
　6.2.2 处理器配置 ……………………… 165
　6.2.3 存储器和 IO 管理 ……………… 167
　6.2.4 存储器映射定义 ………………… 169
　6.2.5 存储器和外设 IO 访问 ………… 172
　6.2.6 通用寄存器 ……………………… 174
　6.2.7 特殊功能寄存器 ………………… 175
6.3 中断和异常 ………………………… 180
　6.3.1 中断 ……………………………… 181
　6.3.2 软件异常 ………………………… 182
　6.3.3 中断模式 ………………………… 182
　6.3.4 从中断返回 ……………………… 184
6.4 可编程间隔定时器 ………………… 185
6.5 Wishbone 总线通信 ………………… 186
　6.5.1 Wishbone 器件的读写 …………… 186
　6.5.2 Wishbone 时序 …………………… 188
　6.5.3 系统互连专用器件 ……………… 189
6.6 基于 TSK3000A 的 FPGA 系统设计 … 189
　6.6.1 基于 TSK3000A 的硬件系统搭建 ……………………………… 189
　6.6.2 基于 TSK3000A 的嵌入式编程 … 202
　6.6.3 工程的构建以及下载运行 ……… 205

第7章 软件平台构建器设计技术 …… 208
7.1 OpenBus 总线系统 …… 208
7.1.1 OpenBus 总线系统简介 …… 208
7.1.2 OpenBus 总线系统基本原理 …… 209
7.1.3 OpenBus 系统设计基础 …… 210
7.2 采用 OpenBus 总线构建 TSK3000A 处理器系统 …… 213
7.3 软件平台构建器的基本原理 …… 222
7.4 采用软件平台构建器进行嵌入式软件设计 …… 223
7.5 工程的构建以及下载运行 …… 230

第8章 Altium Designer 与第三方平台的连接 …… 232
8.1 Altium Designer 与第三方开发板的连接 …… 232
8.1.1 传统的并口下载调试电缆的连接 …… 232
8.1.2 Altium USB JTAG 适配器的连接 …… 233
8.1.3 NanoBoard 与第三方开发板的连接 …… 233
8.2 Altium Designer JTAG 扫描链 …… 234
8.2.1 从 JTAG 的发展谈起 …… 234
8.2.2 JTAG 扫描的级联 …… 237
8.2.3 Altium Designer JTAG 的类型 …… 237
8.2.4 从 Altium Designer JTAG 的连接方式谈起 …… 240
8.2.5 Altium Designer JTAG 扫描链特点 …… 240
8.3 Altium Designer 第三方开发板工程移植 …… 241
8.3.1 从最简单的 Simple_Counter 工程移植开始 …… 244
8.3.2 将工程下载至第三方开发平台的 FPGA 配置 Flash 中 …… 247
8.3.3 运用"软"链调试设计 …… 248

第1章 Altium Designer 平台与 EDA 设计

概　要：

这章内容是介绍 Altium Designer 平台的 EDA 设计功能,用户通过本章的学习可以了解 Altium Designer 有关 EDA 的设计知识。

从 Protel DXP 开始,Altium 公司已经开始将 EDA 设计功能融入到了 DXP 以及后续的开发平台中。对比于 Protel 99,Altium Designer 针对 EDA 设计扩展了包括 FPGA、Embedded、Core Project 工程,同时也首次将不同 FPGA 厂商的 EDA 设计环境进行了统一。

1.1　Altium Designer 与电子设计的发展

通常人们会将电子设计等同于设计电路印制板——一个基于特定产品内的电子元件集合。因此,设计 PCB 工具和方法的演变取决于电子元件应用技术的发展进程。从分立式元件到集成电路元件,再从微处理器元件到硬件可编程元件,元件设计技术越来越向高度集成、微型封装、高时钟频率、可配置等方向发展;系统设计更多的从硬件向软件过渡,过程如图 1-1 所示。

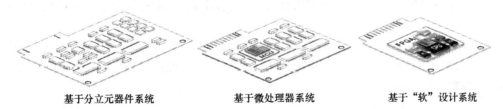

基于分立元器件系统　　　基于微处理器系统　　　基于"软"设计系统

图 1-1　板级系统中元器件技术的演变

纵观电子系统设计的发展,EDA 及软件开发工具成为推动技术发展的关键因素。与此同时,基于微处理器的软件设计和面向大规模可编程器件——CPLD 和 FPGA 的广泛应用,正在不断加速电子设计技术从硬件电路向软设计过渡。作为全球电子设计自动化技术的领导者,Altium 公司从满足主流电子设计工程师研发需求的角度,跟踪最新的电子设计技术发展趋势，不断推陈出新。回顾 Altium 产品更新历程，首个运行于微软 Windows 视窗环境的 EDA 工具——Protel 3.x，首个板级电路设计系统——Protel 99，首个一体化电子产品设计系统——Altium Designer 6，都验证了 Altium 一贯为全球主流电子设计工程师提供最佳的电子自动化设计解决方案的产品研发理念。

Altium 最新版本的一体化电子产品设计解决方案——Altium Designer，将帮助全球主流电子设计工程师全面认识电子自动化设计技术发展的最新趋势和电子产品更可靠、更高效、更安全的设计流程。

1.1.1 Altium Designer 平台性能

Altium Designer 性能主要体现在以下几个部分：

原理图部分：支持多层次、多通道原理图输入，具有强大的自动标号功能，具有全局编辑功能，能进行错误类型设置和出错查询。具有灵活的拷贝、粘贴功能。

PCB 部分：提供了完整的由规则驱动的 PCB 设计环境，Situs™ 拓扑自动布线系统，支持高速设计，具有成熟的布线后信号完整性分析工具，支持差分对布线、多线或总线同时布线，支持 BGA 封装器件的逃溢式扇出功能，支持汉字输入功能，支持任意可配置引脚定义器件的网络优化功能。具有 PCB 板 3D 显示和输出功能。

FPGA 部分：提供了完善的 EDA 设计功能，支持包括 VHDL、Verilog HDL、Hardware C 以及原理图图形法等设计输入方式，具备高性能的 TestBench 仿真和 IP 设计、发布功能。同时 Altium Designer 具备丰富的虚拟仪器 IP 库、性能卓越的 JTAG 软件扫锚链和便捷的可视化操作，支持包括虚拟仪器、嵌入式软件等在线调试功能；采用统一的设计开发环境，实现了工程在不同 FPGA 平台之间的无缝移植。

嵌入式软件部分：Alium Designer 提供了 TASKING 工具集，支持包括汇编、C 语言、C++语言等方式的设计输入，支持 TSK51/52、TSK165、TSK3000、PowerPC、MicroBlaze、NiosII 和 ARM 类型处理器，支持断点在线调试、变量和存储器查看、结果查看等功能。为 OpenBus 设计方式提供了件平台（SwPlatform）工具，实现了 NanoBoard 平台外设接口 API 的抽象。

Altium Designer 真正实现了电子产品研发过程中 PCB 与 FPGA 设计数据间的协同处理，并通过图形化的 FPGA 设计系统控制流程，提高了可编程逻辑电路设计的集成化，包括编译、综合、构建、下载功能。

1.1.2 多用户的协同开发

Altium Designer 采用工程包文件管理模式。如一个工程的原理图可以单独完成，再分别导入到工程包中，进行文件的集中管理。在含有 FPGA 数字电路设计的 PCB 工程中，FPGA 设计定义的引脚约束信息可以通过 Altium Designer 中 FPGA Workspace Map 管理功能，轻松实现与 PCB 设计对于器件引脚的网络命名之间的双向数据同步。各类型工程协同设计界

第 1 章　Altium Designer 平台与 EDA 设计

面如图 1-2 所示。

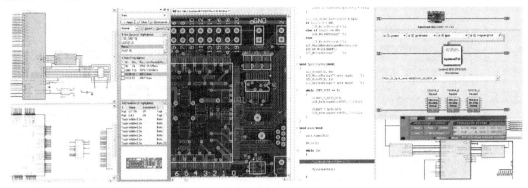

图 1-2　PCB 与 FPGA 工程间的多用户协同设计

1.2　EDA 设计与 Altium Designer 融合

　　Altium Designer 提供了高层次的 FPGA 设计输入方式。传统的硬件工程师、软件工程师和系统工程师都可以用他们熟悉的设计方法快速地实现 FPGA 设计输入。硬件工程师采用的原理图和 HDL 语言混合方式实现设计输入，软件工程师和系统工程师采用更高层次的 OpenBus 方式实现设计输入。图 1-3 至图 1-6 显示了 EDA 与 Altium Designer 的多元化的 EDA 设计功能。

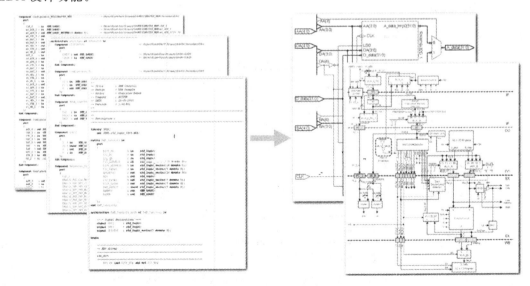

图 1-3　HDL 与 RTL 对应

Altium Designer EDA 设计与实践

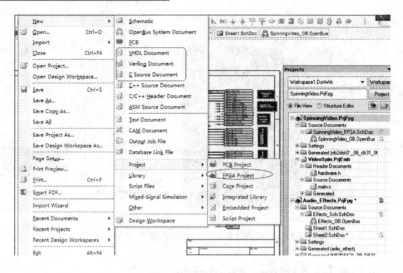

图 1-4　Altium Designer EDA 工程选项

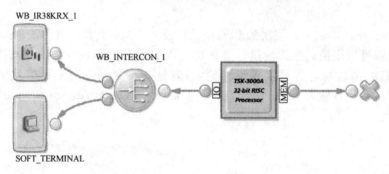

图 1-5　OpenBus 输入方式

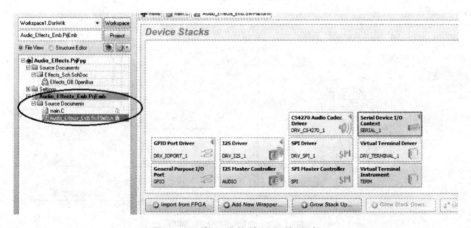

图 1-6　嵌入式软件工程的设计

1.2.1 丰富的 IP 库资源

Altium Designer 提供超过 10 000 个已经验证的 IP 核,而且提供了第三方 IP 核的导入工具。其中 OpenBus 方式 IP 库如图 1-7 所示。

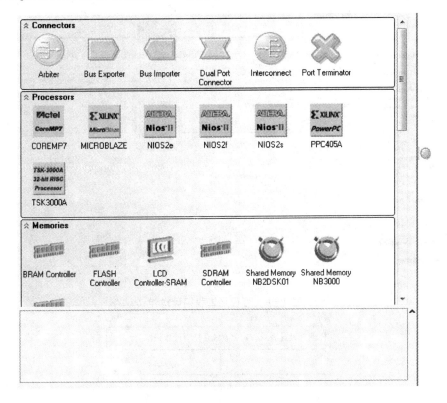

图 1-7 OpenBus IP 库

1.2.2 可视化的工程操作

Altium Designer 提供了 FPGA 设计编译、综合、建立和下载的可视化操作界面,用户可以很方便地执行每个步骤以及得到每个步骤的信息。可视化下载界面如图 1-8 所示。

1.2.3 强大的 SOPC 设计能力

Altium 公司在业界率先提出了以人工智能设计为核心的"软"设计概念,即大规模可编程数字逻辑系统(FPGA)设计和可编程片上嵌入式软件(SoPC)开发。Altium Designer 作为业内首个集原理图、PCB、FPGA 和嵌入式软件设计流程为一体化的电子产品开发平台,通过通用的系统逻辑设计方法,结合虚拟仪器的系统调试手段,以及完整的"软"系统设计开发链,满足了电子设计工程师当前和未来对电子设计自动化技术的要求。其中 EDA 工程设计流程如图 1-9 所示。

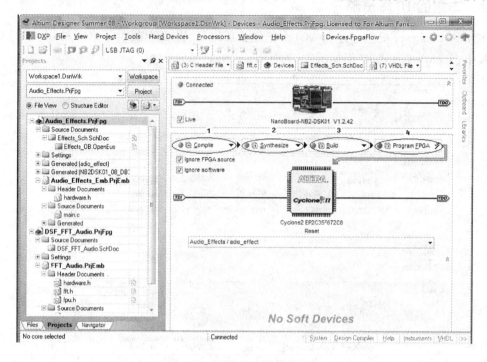

图 1-8 可视化工程编译操作

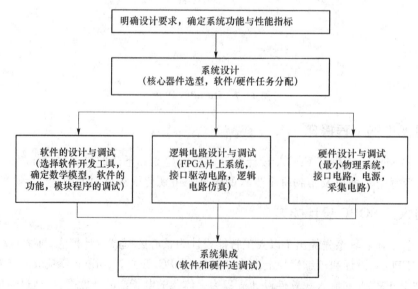

图 1-9 Altium Designer 完善的 SOPC 设计流程示意图

Altium Designer 全面集成了 C 或汇编语言嵌入式软件设计和调试环境,并且在嵌入式软件代码的设计和调试功能中运用了 Altium 公司 TASKING 工具中的 Viper 技术。

Altium Designer 支持包括 TSK51x/TSK52x、TSK80x、TSK165x、PowerPC、TSK3000、NiosⅡ、MicroBlaze 和 ARM 在内的从 8 位到 32 位总线宽度的软处理器内核和分立式处理器上的代码编辑、编译、汇编、链接、跟踪和优化功能。Viper 技术还实现了嵌入式代码在各种 32 位处理器之间的无缝移植。另外,新的软件架构不仅有效地隔离了应用程序与处理器、外围接口的联系,实现了软件代码的无缝移植,而且中间层的软件由 Altium Designer 软件实现,软件工程师可以把他们的全部精力放在集中体现产品创新设计的应用程序上。Altium Designer 完整的开发工具链结构如图 1-10 所示,表 1-1 列出了 Altium Designer 支持的处理器软核。

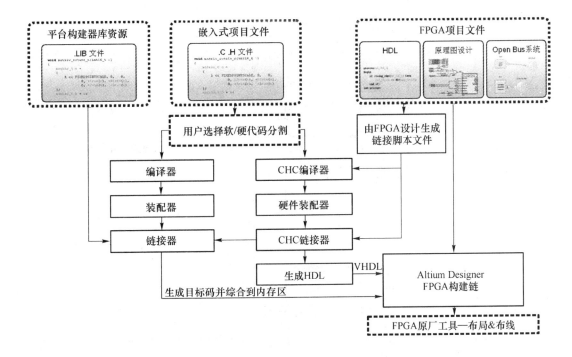

图 1-10 完整的嵌入式系统开发工具链

此外,Altium Designer 支持所有 32 位处理器的 C-H 编译器,能够帮助软件工程师实现算法的输入便捷性和实现高效性的有机结合。

表 1-1 Altium Designer 支持的处理器软核

处理器名称	图标	说明
TSK51/52	(TSK51A Microprocessor)	基于 8051 的 8 位处理器软核
TSK3000	(TSK3000A 32-Bit RISC Processor)	基于 MIPS 结构的 32 位处理器软核
PPC450	(PowerPC 32-Bit RISC Processor / PPC405A)	基于 PowerPC 结构的 32 位 Xilinx 处理器接口

第 1 章　Altium Designer 平台与 EDA 设计

续表 1-1

处理器名称	图　标	说　明
MICROBLAZE	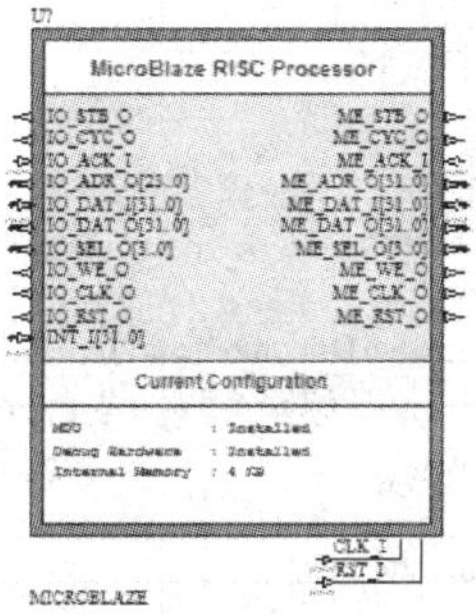	基于 RISC 结构的 32 位处理器软核接口
COREMP7	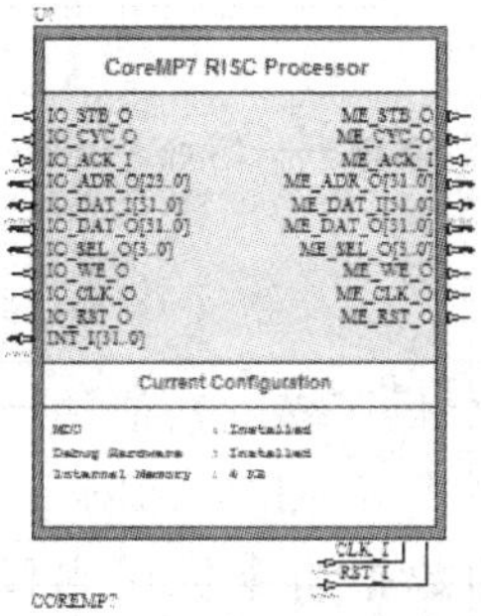	基于 ARM7 结构的 32 位处理器软核接口
NIOSII	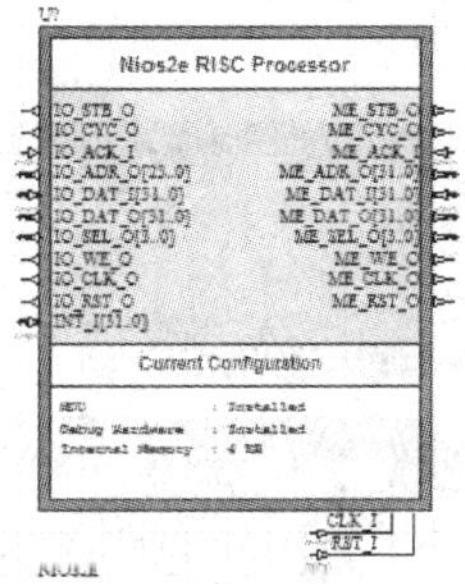	基于 RISC 结构的 32 位 Altera 处理器软核接口

1.2.4　简单而实用 IP 设计功能

Altium Designer 提供了 IP 设计功能,用户可以通过该功能完成自己 IP 的设计和发布。由于 Altium Designer 操作统一,完成 IP 设计的流程几乎和 FPGA 工程设计流程一致。IP 设计工程层次结构如图 1-11 所示。

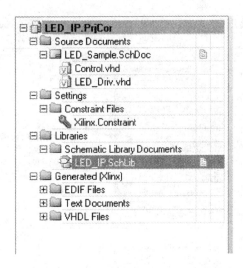

图 1-11　IP 设计功能——Core Project

1.2.5　便捷的虚拟仪器调试

Altium Designer 在 FPGA 工程开发中提供了多种功能的虚拟仪器以帮助开发人员顺利完成系统的测试和开发,其中虚拟器仪器可通过 Altium Designer 与物理板卡的连接线捕获板卡上的各类数据或者将开发人员设置的数据指令发送到板卡内部。如图 1-12 所示，Altium Designer 虚拟仪器可以在线设置和反馈现实用户关心的信号。

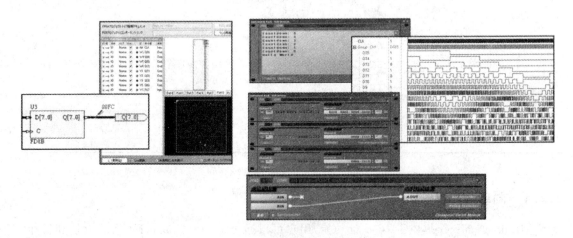

图 1-12　虚拟仪器调试功能

1.2.6 高效的 TestBench 设计功能

Altium Designer 提供了逻辑仿真功能——TestBench。利用该功能,用户可以高效完成 EDA 逻辑功能的仿真,如图 1-13 所示。

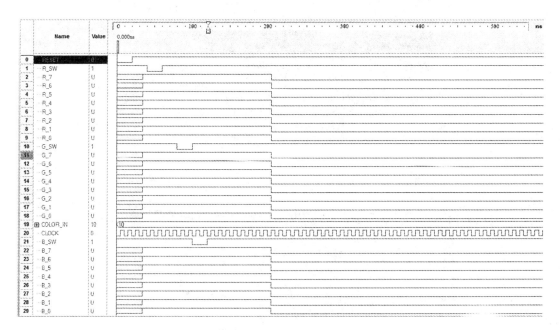

图 1-13 TestBench 仿真功能

1.3 可重构的硬件开发平台和突破传统设计流程

1.3.1 可重构的硬件平台

为了方便设计者调试和测试他们的设计,Altium 公司还提供了可重构的 FPGA 开发平台 Desktop NanoBoard 平台。经过了多年的优化和设计,Nano 系列平台目前已经从第一代 NB1、第二代 NB2 发展到了现在的 NB3000。其中 NB2 平台外观如图 1-14 所示。

在这个系列平台上,由于设计的核心 FPGA(NB3000 的核心 FPGA 为固定方式)是以可插拔的 FPGA 子板形式提供,各种接口板同样是可插拔和可更换的,这为设计者提供了非常大的便利。设计者可以不用再制作目标板,而采用 NB 平台代替目标板来完成调试和测试。图 1-15 显示了 Altium Designer 与 NB 系列开发平台结合设计的示意图。

图 1-14 可重构的 FPGA 开发平台 Desktop NanoBoard2

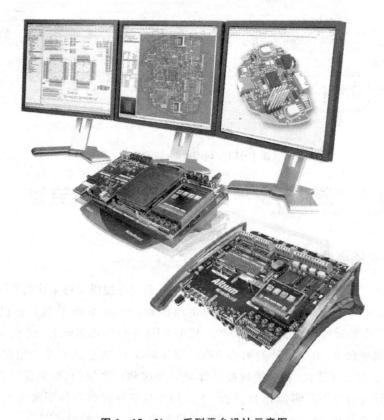

图 1-15 Nano 系列平台设计示意图

当然，Altium Designer 也支持用户采用自己设计的或者其他第三方的 EDA 开发平台完成设计，如图 1-16 所示。

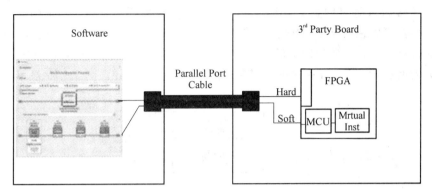

图 1-16　Altium Designer 与第三方开发板连接

1.3.2　统一的开发环境

在高校开展 EDA 人才培养工作时，学生常常有会有这样的体会：由于各个 FPGA 厂商开发环境的不统一，所以往往需要花费很多时间学习软件的使用和操作。例如在我国由于 Altera 大学计划的成功，多数高校在讲述 EDA 设计时都选用了 Quartus 软件，当然也得益于 Quartus 操作简单。但是，很多企业在设计 EDA 系统时所选用的是 Xilinx 的 FPGA，因此走出校门的学生，不得不重新学习另外一种开发环境的使用。这种情况其实在学校内也常常出现。例如我国两大 EDA 学术竞赛，信息安全竞赛和研究生 EDA 设计竞赛，就分别采用了 Xilinx 和 Altera 的 FPGA 平台。在开始设计前，参赛的学生也不得不花费大量的时间学习新的开发环境。

Altium Designer 首次实现了 FPGA 开发环境的统一。用户可以通过掌握 Altium Designer 就可以完成多类 FPGA 系统的设计；同时也实现了设计在不同 FPGA 平台的无缝移植，大大减小了代码的移植难度，加快我们的设计流程。多类型 FPGA 工程下载界面如图 1-17 所示。

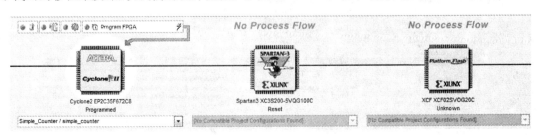

图 1-17　对不同厂商 FPGA 的支持

1.3.3 高效的板级在线调试

Altium Designer 通过内置于 FPGA 内部的虚拟仪器和 JTAG 边界扫描构成了两个信号反馈回路。用户可以在 Altium Designer 软件中查看 FPGA 内部和 FPGA 引脚上的信号，分析设计的正确性。并且在发现问题后，用户可以及时更改后再重新下载到可重构的 FPGA 开发平台上做实时调试，Altium 称这种实时调试过程为 LiveDesign。图 1-18 显示了扫描链的结构。

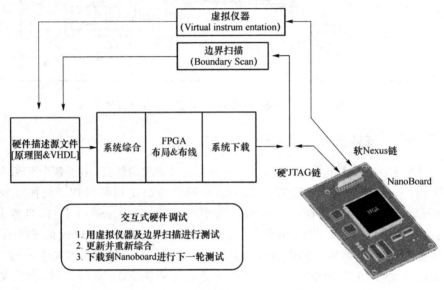

图 1-18　LiveDesign 交互式调试流程

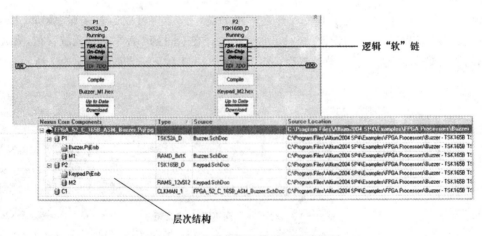

图 1-19　虚拟仪器扫描链可视化界面

1.4 丰富的在线网络资源

Altium 公司提供了丰富的在线学习资源和知识库，用户可以很方便的在其中查找所需要的技术文档。

技术文库地址：http://wiki.altium.com

论坛地址：http://forum.live.altium.com

用户在安装 Altium Designer 后，可以通过执行菜单中的 Help，Knowledge Center 调出文档知识库，如图 1-20 所示。

图 1-20 文档知识库对话框

该对话框其实是一个知识文档库，用户在刚开始学习 Altium Designer 时可以借助里面的文档快速掌握 Altium Designer 的操作和设计方法。

用户也可以通过访问 Learning Guide 主页：http://www.altium.com/community/learning-guides/en/learning-guides_home.cfm#获取学习资源，如图 1-21 所示。

Altium Designer EDA 设计与实践

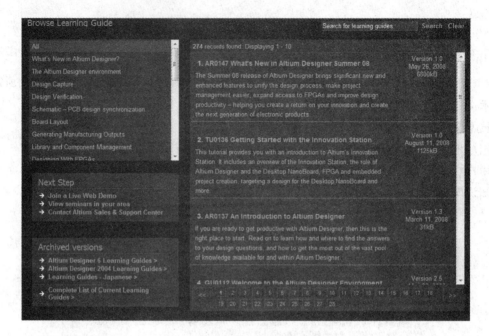

图 1-21 Learning Guide 页面对话框

1.5 Altium Designer 工程层次结构

在 Altium Designer EDA 设计中,常采用如图 1-22 所示的设计层次结构。

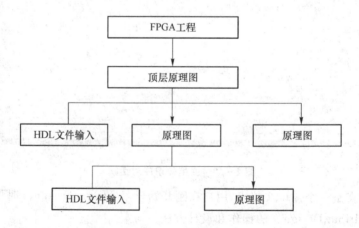

图 1-22 Altium Designer EDA 设计层次结构

在设计 SOPC 系统时,Embedded 工程则与 FPGA 工程中的嵌入式软核一一对应,如图 1-23 所示。

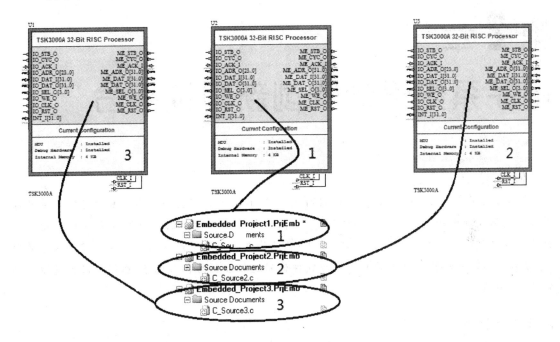

图 1-23 嵌入式软件工程与软核关系

第 2 章
电子系统设计的创新验证平台

概　要：

NanoBoard 与 Altium Designer 共同组成了 Altium 的创新验证平台。基于可配置的硬件平台和一体化的电子设计软件之间的设计协同，为电子工程师提供了一种以嵌入式智能开发为整个项目核心环节的全新的设计环境。"软"设计系统为电子产品的人工智能提供了施展舞台，发挥数字组合逻辑电路设计和流水线软件代码过程控制的各自优势，在提升设计灵活性的同时，也增强了系统处理性能。

2.1　NBII

Desktop NanoBoard NB2DSK01（简称 NB2）是 Altium 公司为加速"软"设计系统验证而精心设计的可重构电子产品创新开发平台。在这个平台上由于设计的核心 FPGA 是以可插拔的 FPGA 子板形式提供，各种接口板同样是可插拔和可更换的，这为设计者提供了非常大的便利。设计者可以不用再制作目标板，而采用 NB2 代替他们的目标板来调试和验证他们的设计。

2.1.1　NBII 介绍

NBII 是业内唯一一款用于当今高性价比可编程器件实现快速、交互式执行和调试 FPGA 数字系统的可配置硬件开发平台，如图 2-1 所示。使用 NBII 作为系统原型设计和系统级开发的平台，其强大、灵活的特性和与 Altium Designer 紧密结合的模式，为用户实现"软"设计系统提供了可能。

2.1.2　NBII 的主要功能

- 支持广泛的可交换目标 FPGA 和处理器子板，支持所有主流芯片厂商的器件；
- 支持自动侦测外围设备和子板功能，即插即用；

- 提供与 Altium Designer 的实时通信协议——NanoTalk；
- 支持高速 USB 2.0 接口；
- 支持双 JTAG 用户板卡接头；
- 支持"菊"链模式的主/从系统扩展连接；
- 支持 LCD 触摸控制模式的人机交互式操作；
- 支持主工作系统时钟可编程模式；
- 支持系统实时时钟；
- 支持高级的 I2S 立体声系统，具有板载放大器和混音器以及立体声扬声器；
- 支持多种制式视频输出，包括 S-video 和混合视频的输入/输出以及 VGA 输出；
- 支持标准的存储器接口，包括 IDE、Compact Flash 和 SD 内存卡；
- 支持丰富的数据通信接口，包括 USB、Ethernet、RS-232 串口、CAN 和 PS/2；
- 支持 4 通道 8 位 ADC 和 10 位 DAC。

2.1.3 NBII 的结构特点

- 在统一的设计、实现、测试、制造环境中，减少开发成本和上市时间；
- 在整个开发流程中与设计"实时"交互；
- 硬件和软件并发、并行的设计；
- 可插拔外设接口板，加速了硬件的原型设计；
- 可替换的目标 FPGA 子板，降低系统方案硬件调试成本。

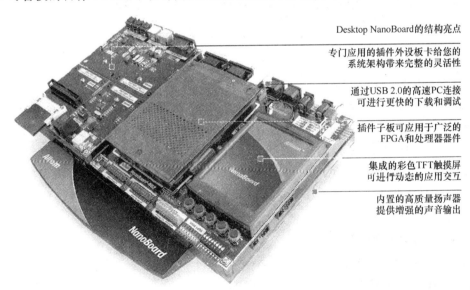

图 2-1 NBII 的系统结构示意图

2.1.4　NBII 板载资源

NBII 主板为一块 300×165 mm 的 8 层印制电路板(6 层电路信号层和 2 层电源平面层)。图 2-2 为 NBII 主板 Layout 顶层示意图。

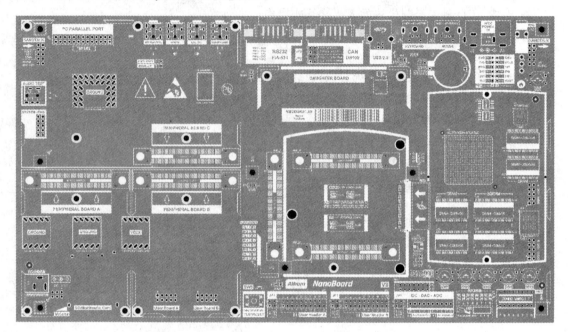

图 2-2　NBII 主板 Layout 顶层示意图

系统资源如下文所述。

1. NanoTalk 控制器

NBII 利用板载 Xilinx Spartan-3 器件(XC3S1500-4FG676C)作为 NanoTalk 控制器的物理载体,实现 Altium Designer 软件与 NBII 硬件平台间(如图 2-3 所示)的数据传输。Altium Designer 软件内部已经集成了 NanoTalk 协议编解码单元,上位机通过物理 JTAG 协议链路访问 NBII 板载固件内的 NanoTalk 控制器单元,并由 NanoTalk 控制器下发或收集每个功能模块的数据指令。

2. 板载存储单元

- PROM 可编程 ROM;

  8 Mbit Flash 型可配置 PROM——XCF08PFS48C。

- SRAM 静态 RAM;

  2 片 256×16 bit 的高速 SRAM,最大支持 1M 字节的存储深度。

- SDRAM 同步动态 RAM；
  2 片 256 Mbit 的高速 SDRAM，最大支持 16M 4 字节的存储深度。
- Flash Mem Flash 型闪存储单元；
  1 片 256 Mbit 的 Flash 型闪存储单元，最大支持 16M 双字节的存储深度。

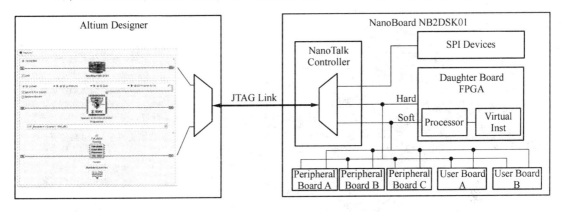

图 2-3 NanoTalk 控制协议链

2.2 NB3000 系列

作为 Altium 正在成长的 NanoBoard 家族的一个分支，3000 系列 NanoBoard 将为用户提供一套完善的 EDA 设计板级验证平台，用户结合 Altium Designer 可以直接完成 EDA "软"设计的板级验证，降低了用户的开发成本。事实上，每个系列的 NanoBoard 板均提供了大容量、高性价比的可编程器件，从而允许快速、交互式地实现及调试用户的数字设计系统。

2.2.1 NB3000 介绍

NanoBoard 3000 提供了固化在母板上的用户 FPGA 器件，并提供了一个外设板扩展接口。外设板可以与 NB2DSK01 通用，并且还扩展了自有的设计资源——包括继电器、功率型 PWM 驱动器和 MIDI 接口，如图 2-4 所示。

将发布 3 种版本的 NB3000：
- NanoBoard 3000XN - Xilinx Spartan - 3AN 型号器件(XC3S1400AN - 4FGG676C)；
- NanoBoard 3000AL - Altera Cyclone III 型号器件（EP3C40F780C8N）；
- NanoBoard 3000LC - Lattice LatticeECP2 型号器件(LFE2.35SE - 5FN672C)。

LiveDesign 是一种在可编程硬件设计中基于实时的工程学理论的一体化电子系统设计方法。Altium Designer、NB3000 和 LiveDesign 三者之间，在开发流程中实现了实时通信和完全数据交互特性。与传统的电子设计流程不同，一体化设计流程和 LiveDesign 方法将不再需要系统设计仿真功能，采用真实运行的结果调测系统方案。更快速地完成了从设计到产品的过程。

NB3000 与 Altium Designer 软件的结合，令您的 PC 成为一个真正的个人电子设计实验室。

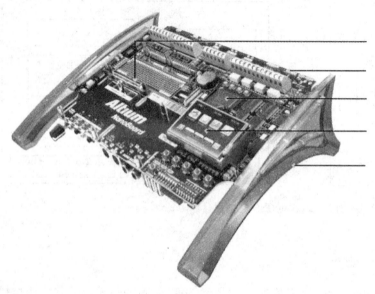

图 2-4　NB3000 系统结构示意图

NanoBoard3000的结构亮点
- 可替换插件外设板，为系统的设计架构扩展提供了充分的灵活性
- 支持双系统启动特性，USB2.0 标准接口提供固件现场更新
- 板载集成的高容量FPGA芯片，实现快速、交互式地设计调试和验证
- 板载集成的彩色TFT触摸屏，提供友好的人机界面交互
- 内置高保真性能的扬声器提供增强的音频输出

2.2.2　NB3000 的系统结构

- 双系统启动，支持 JTAG 标准协议的 USB2.0 高速接口；
- 为更灵活的系统扩展提供预留了一个特定应用插接外设板的接口；
- 高质量数字立体声功能，包括音频编码（CODEC）、MIDI 和 S/PDIF 接口；
- 4 个继电器和电源 PWM 驱动器；
- USB 集线器，最大支持连接 3 个 USB 设备；
- 易于人机交互的板载彩色 TFT 触摸屏。

2.2.3　NB3000 的系统资源

NB3000 主板为一块 242×176 mm 的 6 层印制电路板（4 层电路信号层和 2 层电源平面层）。图 2-5 为 NB3000 主板 Layout 顶层示意图。

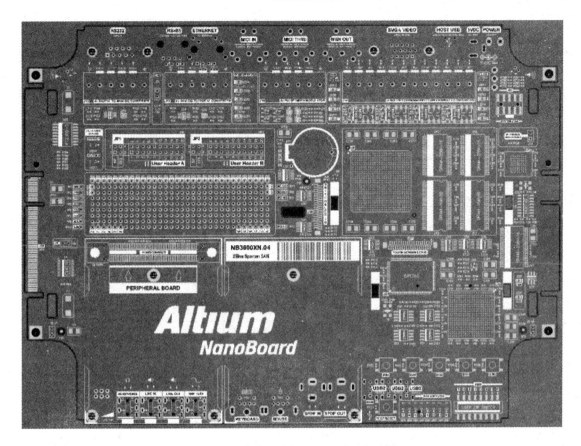

图 2-5 NB3000 主板 Layout 顶层示意图

1. NanoTalk 控制器

NB3000XN 利用板载 Xilinx Spartan-3AN 器件(XC3S400AN-4FGG400C)作为 NanoTalk 控制器的物理载体,实现 Altium Designer 软件与 NB3000XN 硬件平台间(如图 2-6 所示)的数据传输。Altium Designer 软件内部已经集成了 NanoTalk 协议编解码单元,上位机通过物理 JTAG 协议链路访问 NBII 板载固件内的 NanoTalk 控制器单元,并由 NanoTalk 控制器下发或收集每个功能模块的数据指令。

2. 板载目标 FPGA 器件

● NB3000XN

XC3S14000AN-FGG676C 器件属于 Xilinx FPGA 家族的 Spartan-3AN 系列,其提供了一种面向消费电子领域应用的高性价比(低成本、高密度)数字系统设计解决方案。Spartan-3AN 系列涵盖了从 5 万门到 140 万门 5 款型号。本方案中提供的 XC3S1400AN-4FGG676C 目标 FPGA 器件为 140 万门的高容量。器件的性能参数

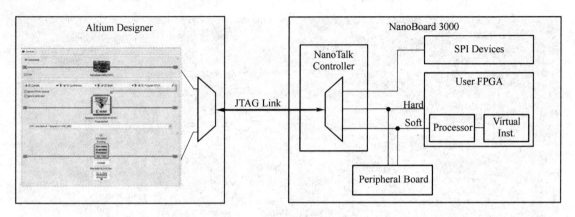

图 2-6 NanoTalk 控制协议链

如表 2-1 所列。

表 2-1 Spartan-3AN 器件的性能参数

类　型	描　述
器件型号	XC3S1400AN-4FGG676C
器件生产商	Xilinx 赛灵思
器件系列	Spartan-3AN
封装形式	676-微型球闸阵列封装(FG676)
速度等级	标准等级
温度等级	商用等级
引脚数量	676
用户 IO 数量(Max)	502（包括最大 94 个输入 IO）
差分对数量(Max)	227
器件容量(Gate)	1 400 000
Xilinx 逻辑单元数量	25 344
CLB 阵列数量	2 816 CLBs（72 行 40 列）.
嵌入式 RAM(块模式)	576 Kbit
Distributed RAM	176 Kbit
嵌入式乘法器(18×18)	32
数字时钟管理单元数量(DCM)	8
全局工作时钟数量	16
可配置存储单元容量(Max)	4 755 296 bit
支持在线调试功能	有

● NB3000AL

EP3C40F780C8N 器件属于 Altera FPGA 家族的 1.2 V 低电压 Cyclone III 系列,其提供了一种面向消费电子领域应用的高性价比(低成本、低功耗、高密度)数字系统设计解决方案。Cyclone III 系列涵盖了从 5 136 个到 119 088 个逻辑单元 8 款型号。本方案中提供的 EP3C40F780C 目标 FPGA 器件为 39 600 个逻辑单元的高容量。器件的性能参数如表 2-2 所列。

表 2-2 Cyclone III 器件的性能参数

类　型	描　述
器件型号	EP3C40F780C8N
器件生产商	Altera
器件系列	Cyclone III
封装形式	780-微型球闸阵列封装(FBGA780)
速度等级	8 级
温度等级	商用等级
引脚数量	780
用户 IO 数量(Max)	535
差分对数量(Max)	219
器件容量(LE)	39 600
嵌入式 RAM(块模式)	1 161 216 bit
嵌入式乘法器(18×18)	126
时钟管理器(PLLs)	0
全局工作时钟数量	20
可配置存储单元容量(Max)	10 500 000 bit
支持在线调试功能	有

● NB3000LC

LFE2.35SE-5FN672C 器件属于 Lattice FPGA 家族的 1.2 V 低电压 ECP2 系列,其提供了一种面向消费电子领域应用的高性价比(低成本、高密度)数字系统设计解决方案。ECP2 系列涵盖了从 6K 到 68K LUT 容量的 6 款型号。本方案中提供的 LEF2-35SE-5FN672C 目标 FPGA 器件为 32K LUT 的高容量。器件的性能参数如表 2-3 所列。

表 2-3 ECP2 器件的性能参数

类　　型	描　　述
器件型号	LFE2-35SE-5FN672C
器件生产商	Lattice 莱迪思
器件系列	ECP2
封装形式	672. 微型球闸阵列封装(FPBGA672)
速度等级	5 级
温度等级	商用等级
引脚数量	672
用户 IO 数量(Max)	450
差分对数量(Max)	224
器件容量(Gate)	1 400 000
LUTs	32 K
嵌入式 RAM(块模式)	332 Kbit
Distributed RAM	64 Kbit
DSP 块单元数量	8
时钟管理器(PLLs/DLLs)	4
全局工作时钟数量	16
可配置存储单元容量(Max)	6 920 602 bit
支持在线调试功能	有

3. 板载存储单元

- SRAM 静态 RAM；

  两片 256×16 bit 的高速 SRAM,最大支持 1M 字节的存储深度。

- SDRAM 同步动态 RAM；

  两片 256 Mbit 的高速 SDRAM,最大支持 16M 4 字节的存储深度。

- Flash Mem Flash 型闪存储单元；

  两片 8 Mbit 的 Flash 型闪存储单元。

  　　U52——作为嵌入式软件的存储单元。

  　　U53——作为嵌入式软件和 Bootstrap 自加载 FPGA 目标代码。

  1 片 128 Mbit 的 Flash 型闪存储单元,最大支持 16M 字节的存储深度。

2.2.4 NB3000 的外围接口

1. RS-232 串行通信接口

NB3000 系列均提供了标准 PC 串行通信 RS-232 接口,接口功能描述如表 2-4 所列。装配符合 EIA-574 标准的 DB-9 Male(公)型连接器,并支持 CMOS 与 RS-232 信号电压间的双向数据传输,传输率可高达 230 kbps。

表 2-4 RS-232 串行接口示意

元器件图形符号	器件名	描 述
	RS232CNTR	该元件符号将负责连接主板上的 HIN232A 器件与 RS-232 串行通信端口

2. RS-485 串行通信接口

NB3000 系列均提供了标准 PC 串行通信 RS-485 接口,接口功能描述如表 2-5 所列。使用标准的双绞缆线,符合高速、全双工差分信号传输要求,传输率可高达 5 Mbps。连接器选用 8 线制 PC(电话模块)插槽,信号特征端接阻抗为 120 Ω,数据发送为 Pin1(+)和 Pin2(-),数据接收为 Pin3(+)和 Pin6(-)。

表 2-5 RS-485 串行接口示意

元器件图形符号	器件名	描 述
	RS485CNTR	该元件符号将负责连接主板上的 ISL8491 器件与 RS-485 串行通信端口

3. 10/100M 以太网通信接口

NB3000 系列均提供了 1 个高速以太网通信接口,支持 10Base-T/100Base-TX 协议标准,接口功能描述如表 2-6 所列。连接器采用标准的 RJ45 接口模块(黄色指示灯表示连接状态,绿色指示灯表示 100 Mbps 工作状态)。使用标准的 5 类电缆线。本端口不仅支持收发来自微处理器的网络格式数据,而且还可以更改 PHY 收发配置状态控制寄存器并拉高 MII/SNIB 引脚实现 MII 通信模式。

Altium Designer EDA 设计与实践

表 2-6 10/100M 以太网通信接口示意

元器件图形符号	器件名	描述
ETH_TXD[3..0] ETH_TXEN ETH_TXC ETH_RXD[3..0] ETH_RXDV ETH_RXER ETH_RXC ETH_COL ETH_CRS ETH_RESETB_E ETH_MDC ETH_MDIO	ETH_PHY	该元件符号将负责连接主板上 RTL8201CL PHY 收发器件与以太网通信端口

4. PS/2 键盘、鼠标控制接口

NB3000 系列均提供了两个标准 PS/2 数据接口,用于连接符合 IBM PS/2 标准的鼠标和键盘外设,接口功能描述如表 2-7 所列。使用 6 线制 mini-DIN(母)型连接器。

表 2-7 PS/2 键盘、鼠标控制接口示意

元器件图形符号	器件名	描述
PS2A_CLK PS2A_DATA	PS2A	该元件符号将负责连接主板上 PS/2 鼠标端口
PS2B_CLK PS2B_DATA	PS2B	该元件符号将负责连接主板上 PS/2 键盘端口

5. 用户 USB 串行通信接口

NB3000 系列均提供了 1 个 USB2.0 串行通信接口,接口功能描述如表 2-8 所列。使用 USB B 类连接器。支持 12 Mbps 全速或 480 Mbps 高速数据传输模式。

表 2-8 用户 USB2.0 串行通信接口示意

元器件图形符号	器件名	描述
USB_FIFOADR0 USB_FIFOADR1 USB_FIFOADR2 USB_D[15..0] USB_FLAGA USB_FLAGB USB_FLAGC USB_FLAGD_CS_N USB_RD_N USB_WR_N USB_SLOE USB_RESET_N USB_PKTEND USB_IFCLK USB_VBUS USB_INT_N USB_READY	USB	该元件符号将负责连接主板上高速 USB CY7C680001 接口器件与以 USB 端口

6. USB 集线器模块

NB3000 系列均提供了 1 个 USB 集线器(Hub)模块,允许连接到 3 个 USB2.0 接口外设。使用 USB A 类连接器。本端口拥有增强型主控制器接口(EHCI),1 个事务转换器和 3 个高速 USB 收发器,高速 480 Mbps、全速 12 Mbps 和低速 1.5 Mbps 3 种模式。

7. ADC 模拟信号采样接口

NB3000 系列均提供了 4 个 8 bit 模数转换通道,接口功能描述如表 2-9 所列。支持 50 ksps 到 200 ksps 模拟信号采样率。

表 2-9 ADC 模拟信号采样接口示意

元器件图形符号	器件名	描述
ADC_CLK / ADC_CS / ADC_DOUT / ADC_DIN	ADC	该元件符号将负责连接主板上 ADC084S021 接口器件

8. DAC 模拟信号输出接口

NB3000 系列均提供了 4 个 8 bit 数模转换通道,接口功能描述如表 2-10 所列。支持轨到轨的输出电压摆幅从 0 到参考电压(最大 3.3 V)。

表 2-10 DAC 模拟信号输出接口示意

元器件图形符号	器件名	描述
DAC_CLK / DAC_CS / DAC_DOUT	DAC	该元件符号将负责连接主板上 DAC084S085 接口器件

9. PWM 功率信号驱动接口

NB3000 系列均提供 4 个 PWM-driven 功率控制通道,每通道采用分立式 N 沟道型 NMOSFETs 器件控制,最大 V_{DS} 支持 30 V,最大 I_D 支持 5.8 A。开关特性最大开路时延 5 ns,最大闭合时延 40 ns,接口功能描述如表 2-11 所列。

表 2-11 PWM 功率信号驱动接口示意

元器件图形符号	器件名	描述
P0_PWM / P1_PWM / P2_PWM / P3_PWM	PWM	该元件符号将负责连接主板上 PWM 接口电路通道

10. 视频信号输出接口

NB3000 系列均提供一个标准 SVGA 视频输出信号接口,接口功能描述如表 2-12 所列。使用 DB15F 连接器传输模拟 RGB 视频输出信号(24 bit/80 MHz)。

表 2-12 视频信号输出接口示意

元器件图形符号	器件名	描述
(VGA_CLK, VGA_RED[7..0], VGA_GREEN[7..0], VGA_BLUE[7..0], VGA_HSYNC, VGA_VSYNC)	VGACNTR	该元件符号将负责连接主板上 THS8134 器件和 SVGA 连接端口

11. IR 红外信号接收器

NB3000 系列均提供一个红外无线接收器,该接收电路运用 Vishy 的自有 AGC3 响应算法设计的自动增益控制(AGC)电路特别适合于高噪声环境。另外,NB3000 包还附带一块通用红外无线遥控面板,通信协议采用了 NEC IR 传输协议,接口功能描述如表 2-13 所列。

表 2-13 IR 红外信号接收器示意

元器件图形符号	器件名	描述
(IR_RXD)	IR	该元件符号将负责连接主板上连接 IR 接收电路模块

2.3 深入 NB3000

2.3.1 NB3000 快速构建电子系统设计原型

为了符合市场对电子产品的需求,更多地追求个性化、时尚化和功能创新等特点。就要求在保证质量可靠的基础上,加快新产品的研发进度,缩短从研发到面市的时间。如何提高产品设计效率?这就成为一个切实而又急迫的问题。事实上,并没有一个标准的答案可以解决企业研发过程中所遇到的效率瓶颈。但是,设计者的经验总能起到关键的作用。因此,基于某个成熟、可信的设计方案实现目标产品原型的构建,将有效地加快产品研发的效率。NB3000 系列产品拥有丰富的外设接口和灵活的系统扩展特性,帮助设计者在 NB3000 系列上实现"智能"核心设计系统的开发,并在完成系统方案的充分验证后,通过开放式的电路模块设计,快速构建电子系统设计原型。

2.3.2 音乐霹雳彩灯设计

1. 方案介绍

音乐霹雳彩灯是常见的彩灯阵列控制系统,系统接收外界的音频信号并转换频率值到 RGB 彩灯的色差值,产生 LED 彩灯阵列伴随音乐节奏改变输出颜色的效果,系统示意图如图 2-7 所示。

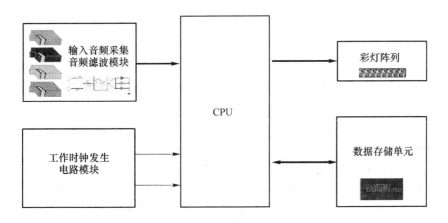

图 2-7 音乐霹雳彩灯系统框图

- 输入音频采集及音频滤波模块由音频输入连接器、前置音频信号放大电路、窄带滤波电路、音频信号处理电路组成;
- 工作时钟发生电路由晶振和可编程数字时钟电路组成;
- 中央处理单元电路由 FPGA 电路模块组成;
- 彩灯阵列电路由 RGB 三色 LED 阵列和功率输出控制电路组成;
- 数据存储单元由 SRAM 电路组成。

根据整体方案的设计要求,并结合 NB3000 的特点,方案可以划分为核心系统"软"设计方案和物理板级设计方案(PCB 工程,本书暂不涉及该部分内容)两个设计部分。核心系统"软"设计方案将围绕着 NB3000 板载目标 FPGA 器件展开,利用 FPGA 器件片内资源处理转换后的音频信号和 LED 彩灯阵列控制信号的输出。

2. 方案设计

(1) 核心系统"软"设计方案

Altium Designer 内建了基于 Wishbone 总线数据传输协议的开放式图形化系统开发功能——OpenBus 系统级数字逻辑电路设计模块。关于 OpenBus 系统更详细介绍可以阅读本书第 7 章——软件平台构建器设计技术。图 2-8 描述了本方案的系统设计框图。

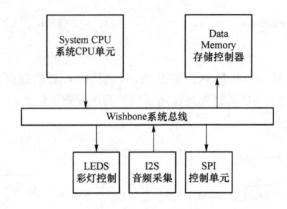

图 2-8 音频霹雳彩灯方案系统设计框图

(2) 系统原理设计指南

① 通过菜单命令 File→New→Project→FPGA→Project，创建新的 FPGA 工程。

② 通过菜单命令 File→New→Schematic，创建一个新的原理图文件。

③ 通过菜单命令 File→New→OpenBus System Document，创建一个新的 OpenBus 系统文件。

④ 通过菜单命令 File→Save All，系统弹出文件 Save… 对话窗口（如图 2-9 所示），分别为新建的原理图文件、OpenBus 系统文件和 FPGA 工程文件命名为 SND2LIGHT.SchDoc、SND2LIGHT_OB.OpenBus 和 SND2LIGHT.PrjFpg。

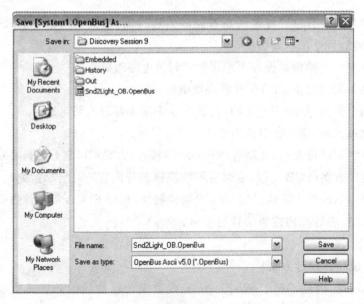

图 2-9 系统文件 Save… 对话框

第 2 章 电子系统设计的创新验证平台

⑤ 从 OpenBus 器件调配面板调取系统设计所需的元器件符号列表,如表 2-14 所列。

表 2-14 OpenBus 器件调配面板内符号列表

元器件符号	器件名称	来　源
TSK3000A 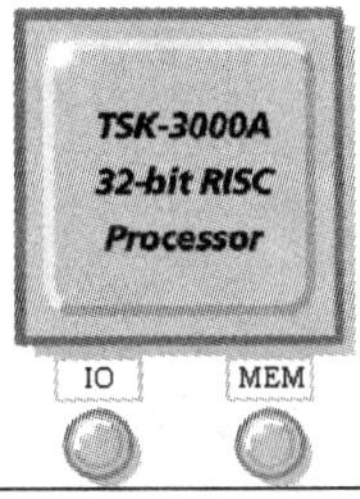	TSK3000A	OpenBus Palette
WB_INTERCON 	WB_INTERCON	OpenBus Palette
WB_MEM_CTRL_SRAM 	WB_MEM_CTRL_SRAM	OpenBus Palette
WB_I2S_1 	WB_I2S	OpenBus Palette
WB_SPI_1 	WB_SPI	OpenBus Palette
WB_LED_CTRL 	WB_LED_CTRL	OpenBus Palette

从 OpenBus 器件调配面板内选取表 2-14 中元件符号，并逐一放置新建的 OpenBus 系统文档 SND2LIGHT_OB. Openbus 中。然后，再通过菜单命令 Place→Add OpenBus Port 向 WB_INTERCON 器件符号上添加两个主通信端口，最后通过菜单命令 Place→Link OpenBus Ports，如图 2-10 所示，完成 OpenBus 系统文档内所有器件符号的主从端口间的连接。

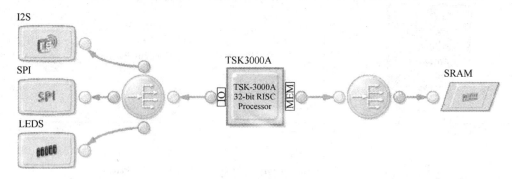

图 2-10　OpenBus 系统设计文档

将 SND2LIGHT.SchDoc 设置为当前编辑视图，通过菜单命令 Design→Create Sheet Symbol From Sheet or HDL，系统弹出 Choose Document to Place 对话窗口，从窗口文件列表中选择 SND2LIGHT_OB. OpenBus 系统文件，并单击 OK 按钮。

⑥ 从元器件集成库内调取系统设计所需的元器件符号列表，如表 2-15 所列。

表 2-15　元器件集成库内符号列表

![CLK BRD]	CLOCK_BOARD	
![TEST BUTTON]	TEST_BUTTON	FPGA NB3000 Port_Plugin. IntLib
![LED R/G/B]	LEDS_RGB	
![SRAM0]	SRAM0	FPGA NB3000 Port_Plugin. IntLib
![SRAM1]	SRAM1	FPGA NB3000 Port_Plugin. IntLib

续表 2-15

(CS4270 chip with CODECSPI_DOUT, CODECSPI_DIN, CODECSPI_CLK, CODECSPI_CS)	AUDIO_CODEC_CTRL	FPGA NB3000 Port_Plugin.IntLib
(AUDIO_I2S_BCLK, AUDIO_I2S_WCLK, AUDIO_I2S_DOUT, AUDIO_I2S_DIN, AUDIO_I2S_MCLK)	AUDIO_CODEC	FPGA NB3000 Port_Plugin.IntLib
U1 INV	INV	FPGA Configurable Generic.IntLib

⑦ 通过菜单命令 Place→Harness→Harness Connector 和 Place→Harness→Harness Entry,完成 4 组 Harness 总线线束的预定义,如图 2-11 所示。

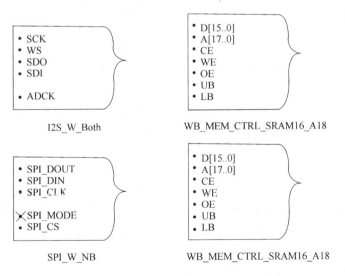

图 2-11　Harness 总线线束

⑧ 通过菜单命令 Place→Harness→Signal Harness,如图 2-12 所示,完成系统原理图文档内 Harness 端口之间的连接及图纸符号与元件符号之间电气连线的绘制。

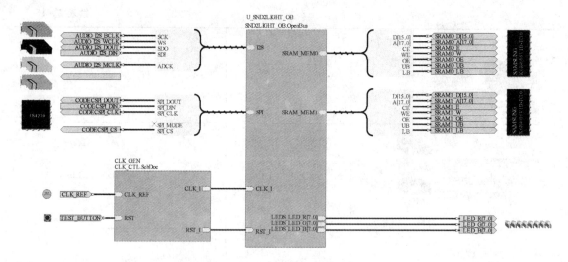

图 2-12　顶层系统设计图纸

⑨ 将 SND2LIGHT.SchDoc 设置为当前编辑视图，通过菜单命令 Design→Create Sheet From Sheet Symbol，新建一个原理图文件，如图 2-13 所示，完成时钟控制电路模块的原理图设计。

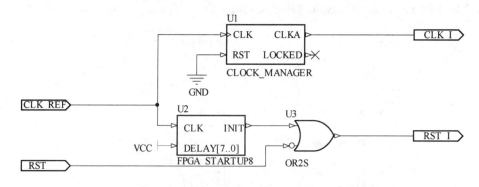

图 2-13　时钟控制电路原理图

⑩ 通过菜单命令 Project→Compile FPGA Project SND2LIGHT.PrjFpg，执行 Altium Designer 软件自带的数字逻辑电路设计编译器，完成系统方案的原理设计检查。

（3）系统器件配置指南

① 如图 2-14 所示，完成三原色 LED 器件属性设置。
② 如图 2-15 所示，完成 SPI 总线器件属性配置。
③ 如图 2-16 所示，完成音频流器件属性配置。

图 2-14 三原色 LED 器件控制面板

图 2-15 SPI 总线器件控制面板

图 2-16　音频流器件控制面板

④ 如图 2-17 所示,在信号管理器内完成音频流器件的中断属性配置。

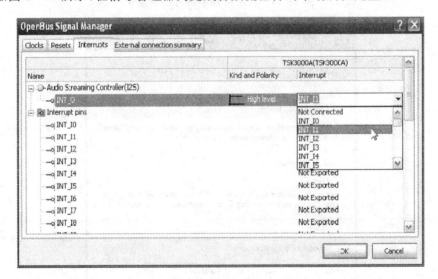

图 2-17　信号管理器面板

⑤ 如图 2-18 所示,将 SRAM 器件属性如下配置为:
● Memory Type - Asynchronous SRAM;
● Size - 1MB(256×32 bit);

- Layout – 2×16 bit Wide Device；
- Designer – SRAM。

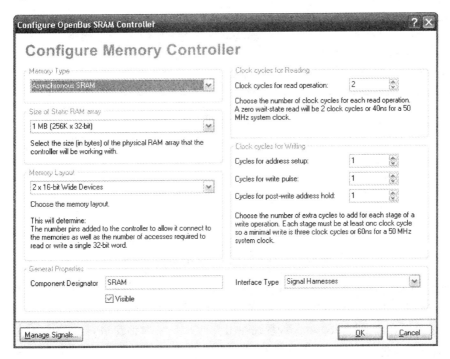

图 2-18　SRAM 器件控制面板

⑥ 双击 TSK3000A 处理器符号，选择 Configure TSK3000A 按钮，配置 Internal Processor Memory 到 32 KB。

⑦ 通过菜单命令 Project→Recompile FPGA Project SND2LIGHT.PrjFpg，完成系统方案的原理设计重编译。

（4）FPGA 系统设计图形化控制流程

① 通过菜单命令 View→Devices View，系统弹出 Devices 对话窗口。

② 在 Devices 对话窗口内，选中 Live 复选框，使能 PC 与 NB3000 的连接。

③ 鼠标右键单击 NB3000 图标，通过菜单命令 Configure FPGA Project→Snd2Light. PrjFpg，如图 2-19 所示。

④ 通过菜单命令 File→Save All，保存当前设计项目。

（5）嵌入式系统软件设计指南

① 通过菜单命令 File→New→Project→Embedded Project，创建新的嵌入式软件工程。

② 通过菜单命令 File→New→C Source Document，创建一个新的 C 语言文件。

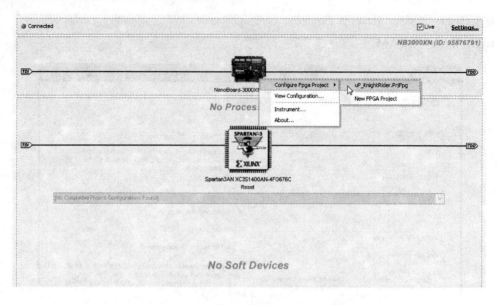

图 2-19 Devices View 设计流程控制面板

③ 通过 Project 面板内,鼠标右键单击新建嵌入式软件工程名,弹出菜单命令 Add New to Project→SwPlatform File,创建一个新的构建软件平台配置文件。

④ 通过菜单命令 File→Save All,系统弹出文件 Save… 对话窗口,分别为新建的 C 语言文件、SwPlatform 构建软件平台配置文件和嵌入式软件工程文件命名为 Main.C、SND2LIGHT_OB.SwPlatform 和 SND2LIGHT.PrjEmb。

⑤ 选择 Project 面板上 Structure Editor 模式,鼠标右键单击 MCU[TSK3000A]处理器,弹出菜单命令【Set Embedded Project】,如图 2-20 所示。

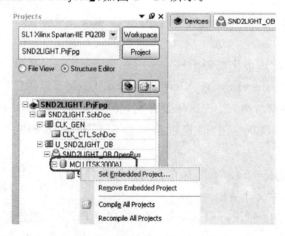

图 2-20 配置嵌入式软件工程

⑥ 将 C 语言文件 main.c 设置为当前视图,通过菜单命令 Project→Project Options,弹出 Options For Embedded Project SND2LIGHT.PrjEmb 对话窗口,选择打开视图【Configure Memory】制表栏,显示由 FPGA 工程定义的存储器配置信息,并将 SRAM 更名为 XRAM,如图 2-21 所示。

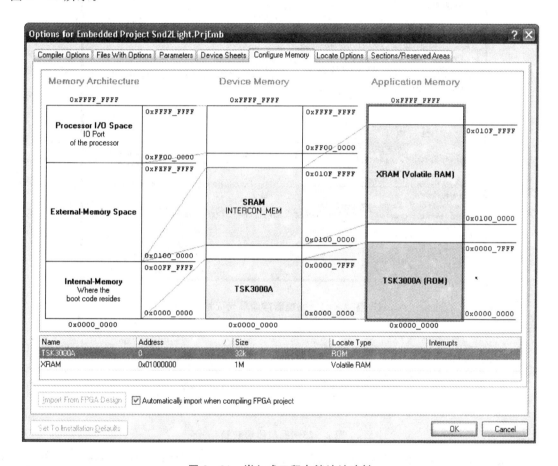

图 2-21 嵌入式工程存储地址映射

⑦ 鼠标双击存储单元表内的 TSK3000A(如图 2-21 所示),弹出 Processor Memory Definition 对话窗口,如图 2-22 所示,修改【Memory Type】由初始 Non-Volatile RAM 到 ROM,配置过后,TSK3000A 将从 FPGA 内部存储单元自动加载。

⑧ 将 SwPlatform 构建软件平台文件 SND2LIGHT.SwPlatform 设置为当前视图,鼠标单击【Import from FPGA】按钮,系统将自动导入 FPGA 工程中底层的协议封装 I2S Master Controller、LED Controller 和 SPI Master Controller,如图 2-23 所示。

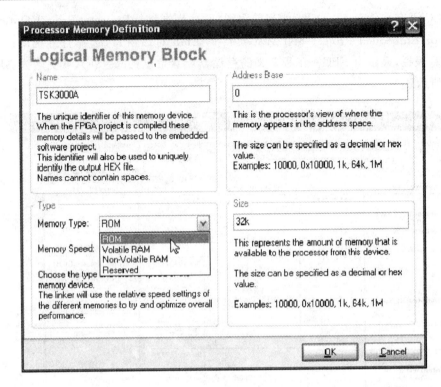

图 2-22 处理器存储单元配置

图 2-23 底层协议封装

⑨ 鼠标单击【Grow Stack Up】按钮,将图 2-23 中 3 个底层协议封装分别配置到应用层,如图 2-24 所示。

⑩ Audio Context 必须链接到 I2S 协议驱动层,鼠标单击【Link to Existing Stack】按钮,除了 I2S 协议驱动层以外,所有栈元素显示为禁止状态(灰色),执行链接,如图 2-25 所示。

⑪ 通过菜单命令 File→Save All,保存当前设计项目。

⑫ (main.c)主程序代码设计。

第 2 章 电子系统设计的创新验证平台

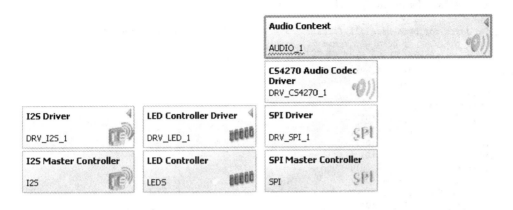

图 2-24 协议栈视图一

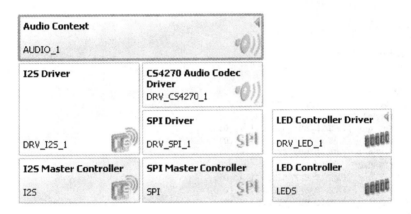

图 2-25 协议栈视图二

- 定义必要的头文件名和常量；

```
#include <math.h>
#include <stdlib.h>
#include <stdint.h>
#include <devices.h>
#include <audio.h>
#include <drv_led.h>
#include <led_info.h>
#include "IIR.h"

#define PI              3.141592653589793238462643383279 5
#define AUDIO_BUF_SIZE  512
#define FSAMPLE         44100
#define BASS_Hz         64
#define MID_Hz          1024
#define TREB_Hz         8192
```

● 定义数据结构、变量及函数:

```c
// Coeffs for band-pass IIR filters, FS = 44100, Q = 1.4, 16-bit Fixed Point
int16_t alpha_hi, beta_hi, gamma_hi,
        alpha_mid, beta_mid, gamma_mid,
        alpha_lo, beta_lo, gamma_lo;

//coe2pol_t iir buffers;
// Left Channel
int16_t   x_l_lo[2] = {0};
int16_t   x_l_mid[2] = {0};
int16_t   x_l_hi[2] = {0};
int16_t   y_l_lo[2] = {0};
int16_t   y_l_mid[2] = {0};
int16_t   y_l_hi[2] = {0};
// Right Channel
int16_t   x_r_lo[2] = {0};
int16_t   x_r_mid[2] = {0};
int16_t   x_r_hi[2] = {0};
int16_t   y_r_lo[2] = {0};
int16_t   y_r_mid[2] = {0};
int16_t   y_r_hi[2] = {0};

// for internal loop.
int i, j;

/* bufffers */
// Hi/Mid/Low filter output buffers
// Left Channel
int16_t bass_buf_l[AUDIO_BUF_SIZE/2] = {0};
int16_t mid_buf_l [AUDIO_BUF_SIZE/2] = {0};
int16_t hi_buf_l  [AUDIO_BUF_SIZE/2] = {0};
// Right Channel
int16_t bass_buf_r[AUDIO_BUF_SIZE/2] = {0};
int16_t mid_buf_r [AUDIO_BUF_SIZE/2] = {0};
int16_t hi_buf_r  [AUDIO_BUF_SIZE/2] = {0};

// Audio pass-through buffer
int16_t stereo_buf[AUDIO_BUF_SIZE] = {0};

// contexts for drivers
audio_t *audio;
led_t   *leds;
uint8_t rgb_v[3] = {0};

/* function prototypes */
int get_audio(int16_t *buffer, int size);
int put_audio(int16_t *buffer, int n);
uint8_t abs_ave(int16_t *buffer, int n);
void update_coeffs ( double frequency, double qf,
                     int16_t * ialpha, int16_t * ibeta, int16_t * igamma );
void update_intensity(uint8_t intensity, uint8_t * rgb);
```

● 创建用户音频输出函数；

```c
int put_audio(int16_t *buffer, int n)
{
    int s;

    do
    {
        s = audio_play(audio, buffer, n);
        n -= s;
        buffer += s;
    } while (n != 0);

    return 0;
}
```

● 创建用户音频接收函数；

```c
int get_audio(int16_t *buffer, int n)
{
    int s;

    do
    {
        s = audio_record(audio, buffer, n);
        n -= s;
        buffer += s;
    } while (n != 0);

    return s;
}
```

● 创建用户绝对数均值函数；

```c
uint8_t abs_ave(int16_t *buffer, int n)
{
    int16_t cusum = 0;
    for (int i = 0; i < n; i++)
    {
        cusum += (buffer[i] < 0) ? -(buffer[i]/n) : buffer[i]/n;
    }
    return (uint8_t)(cusum>>2);
}
```

● 创建由 IIR 滤波器 α、β、γ 3 个参数更新滤波器左右两通道系数的用户函数；

```c
void update_coeffs ( double frequency, double qf,
                     int16_t * ialpha, int16_t * ibeta, int16_t * igamma )
{
    double alpha;
    double beta;
    double gamma;
    double theta;
    theta = 2 * (double)PI * (frequency/FSAMPLE);
    beta = 0.5 * ((1 - tan(theta/2*qf))/(1 + tan(theta/2*qf)));
    gamma = (0.5 + beta)*cos(theta);
    alpha = (0.5 - beta)/2;
    *ialpha = (int16_t)(alpha * 32767);
    *ibeta  = (int16_t)(beta  * 32767);
    *igamma = (int16_t)(gamma * 32767);
}
```

● 创建用户 LED 亮度参数更新函数；

```c
void update_intensity(uint8_t intensity, uint8_t * rgb)
{
    if (intensity < 0x08)
    {
        rgb[0] = 0;
        rgb[1] = 0;
        rgb[2] = 0;
    } else
    {
        rgb[0] = 0x80 - intensity < 0    ? 0 : 0x80 - intensity;
        rgb[1] = 0x40 - intensity < 0    ? 0 : 0x40 - intensity/2;
        rgb[2] =       intensity < 0x80 ? 0 : intensity/2 - 0x40;
    }
}
```

● 主功能函数

```c
void main(void)
{
    // 启动外设
    audio = audio_open(AUDIO_1);
    leds  = led_open(LEDS);
    // 滤波算法初始化
    update_coeffs(BASS_Hz, 1.4, &alpha_lo,  &beta_lo,  &gamma_lo );
    update_coeffs(MID_Hz,  1.4, &alpha_mid, &beta_mid, &gamma_mid);
    update_coeffs(TREB_Hz, 1.4, &alpha_hi,  &beta_hi,  &gamma_hi );

    while (1)
    {
        // 接收音频信号缓存数据.
        get_audio(stereo_buf, AUDIO_BUF_SIZE);
        // 输出音频信号缓存数据.
        put_audio(stereo_buf, AUDIO_BUF_SIZE);

        for (i = 0, j = 0; i < AUDIO_BUF_SIZE; i++, j++)
        {
            // 分别接收左右两个音频通道数值,通过 IIR 过滤器
            bass_buf_r[j] = do_iir( stereo_buf[i], alpha_lo, beta_lo,
                                    gamma_lo, x_l_lo, y_l_lo );
            mid_buf_r[j]  = do_iir( stereo_buf[i], alpha_mid, beta_mid,
                                    gamma_mid, x_l_mid, y_l_mid);
            hi_buf_r[j]   = do_iir( stereo_buf[i], alpha_hi, beta_hi,
                                    gamma_hi, x_l_hi, y_l_hi );
            i++; //下一个通道
            bass_buf_l[j] = do_iir( stereo_buf[i], alpha_lo, beta_lo,
                                    gamma_lo, x_r_lo, y_r_lo );
```

```c
        mid_buf_l[j]    = do_iir( stereo_buf[i], alpha_mid, beta_mid,
                                  gamma_mid, x_r_mid, y_r_mid);
        hi_buf_l[j]     = do_iir( stereo_buf[i], alpha_hi,  beta_hi,
                                  gamma_hi,  x_r_hi,  y_r_hi );
    }
    //将音频值转换为电压信号,并输出到 LEDs[0..2]和 LEDs[7..5]
    update_intensity(abs_ave(bass_buf_r, AUDIO_BUF_SIZE/8), rgb_v);
    led_set_intensity(leds, LEDS_LED0_R, rgb_v[0]);
    led_set_intensity(leds, LEDS_LED0_G, rgb_v[1]);
    led_set_intensity(leds, LEDS_LED0_B, rgb_v[2]);

    update_intensity(abs_ave(mid_buf_r , AUDIO_BUF_SIZE/8), rgb_v);
    led_set_intensity(leds, LEDS_LED1_R, rgb_v[0]);
    led_set_intensity(leds, LEDS_LED1_G, rgb_v[1]);
    led_set_intensity(leds, LEDS_LED1_B, rgb_v[2]);

    update_intensity(abs_ave(hi_buf_r  , AUDIO_BUF_SIZE/8), rgb_v);
    led_set_intensity(leds, LEDS_LED2_R, rgb_v[0]);
    led_set_intensity(leds, LEDS_LED2_G, rgb_v[1]);
    led_set_intensity(leds, LEDS_LED2_B, rgb_v[2]);

    update_intensity(abs_ave(bass_buf_l, AUDIO_BUF_SIZE/8), rgb_v);
    led_set_intensity(leds, LEDS_LED7_R, rgb_v[0]);
    led_set_intensity(leds, LEDS_LED7_G, rgb_v[1]);
    led_set_intensity(leds, LEDS_LED7_B, rgb_v[2]);

    update_intensity(abs_ave(mid_buf_l , AUDIO_BUF_SIZE/8), rgb_v);
    led_set_intensity(leds, LEDS_LED6_R, rgb_v[0]);
    led_set_intensity(leds, LEDS_LED6_G, rgb_v[1]);
    led_set_intensity(leds, LEDS_LED6_B, rgb_v[2]);

    update_intensity(abs_ave(hi_buf_l  , AUDIO_BUF_SIZE/8), rgb_v);
    led_set_intensity(leds, LEDS_LED5_R, rgb_v[0]);
    led_set_intensity(leds, LEDS_LED5_G, rgb_v[1]);
    led_set_intensity(leds, LEDS_LED5_B, rgb_v[2]);
    }
}
```

● IIR 头文件

```c
#include <stdint.h>
#ifndef __IIR_H
#define __IIR_H

typedef struct coe2pol
    {
        int32_t alpha;
        int32_t beta;
        int32_t gamma;
    } coe2pol_t ;

int16_t do_iir ( int16_t input, int16_t alpha, int16_t beta,
                 int16_t gamma, int16_t * buff_x, int16_t * buff_y );

int32_t scale (int16_t sample);
int16_t truncate (int32_t sample);

#endif
```

● IIR 函数文件

```c
#include "IIR.h"

int16_t do_iir ( int16_t input, int16_t alpha, int16_t beta,
                 int16_t gamma, int16_t * buff_x, int16_t * buff_y )
{
    int32_t y = 0;
    y -= beta * buff_y[1];
    y += alpha * input;
    y -= alpha * buff_x[1];
    y += gamma * buff_y[0];

    buff_x[1] = buff_x[0];
    buff_x[0] = input;
    buff_y[1] = buff_y[0];
    buff_y[0] = (int16_t)(y/16384);
    return buff_y[0];
}

int32_t scale (int16_t sample)
{
    return (int32_t)(sample<<16 | (sample & 1 ? 0x0000ffff : 0));
}

int16_t truncate (int32_t sample)
{
    return (int16_t)(sample>>16);
}
```

⑬ 通过菜单命令 Project→Compile Embedded Project SND2LIGHT.PrjEmb，检查嵌入式软件代码语法，直至校正所有编译错误。

⑭ 通过菜单命令 File→Save All，保存当前设计项目。

⑮ 通过菜单命令 View→Devices View，系统弹出 Devices 对话窗口，如图 2 - 26 所示。

⑯ 通过窗口内鼠标单击按钮命令【Program FPGA】，完成整个 FPGA 项目的编译、综合、

第 2 章　电子系统设计的创新验证平台

构建和下载 4 个阶段。

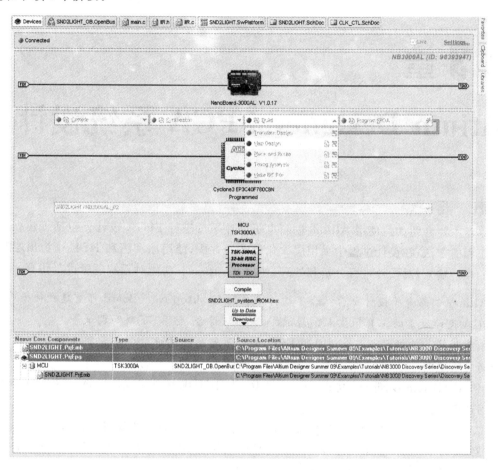

图 2-27　Devices 对话窗口

3. 原型实现

一旦整个 FPGA 项目下载到 NB3000 板载目标 FPGA 器件中，就可以连接一个音频信号（可能是 PC 的音频输出信号，也可以是 MP3 的音频输出信号）到 NB3000 板上的 LINE IN 接口，如图 2-27 所示。现在就可以欣赏你的设计结果。

图 2-27　NB3000 的 LINE IN 接口

第 3 章
Altium Designer FPGA 系统设计

概　要：

本章主要介绍如何使用 Altium 创新电子设计平台进行 FPGA 设计。包括了建立 FPGA 设计工程的方法；在设计过程中采用层次化设计的方法；使用原理图和 HDL 作为顶层和底层模块的设计输入；对设计进行分析和处理；使用 TestBench 功能对系统逻辑进行仿真。

Altium 创新电子设计平台结合了软件平台和 Desktop NanoBoard 可重建硬件平台，可提供 FPGA 设计所需的工具和技术，包括输入、编译、综合、仿真、下载和调试等。

本章和第 4 章将完成一个简单的 LED 三色调光系统的设计。本章将介绍软件设计和仿真。通过本章的学习，用户将学会以下相关知识：

(1) 在 Altium Designer 建立 FPGA 工程，使用 HDL 文件完成底层驱动模块和系统顶层原理图的设计。

(2) 使用层次化设计方法，将底层的文件封装并包含至顶层原理图文件内。

(3) 使用 Altium Designer TestBench 功能对文件进行仿真，包括 TestBench 属性的设置、TestBench 文件的生成、激励信号的产生和启动仿真。

用户通过学习这个例子可以获得更深层次的理解和迈向新的台阶。

3.1　EDA 设计流程简介

可编程逻辑芯片作为现代电子系统设计的重要组成部分，其设计开发主要围绕着核心芯片 FPGA 或者 CPLD 进行，分为硬件设计和软件设计两部分。其中硬件设计包括可编程逻辑芯片电路、存储器电路、输入/输出接口电路以及其他模块电路的设计，设计中需要考虑芯片端口电流驱动能力、电平匹配以及面对高速传输线时数据和时钟同步等问题；软件设计包括采用原理图法、HDL 语言、Hardware C 语言以及 Altium 特有的 OpenBus 输入对可编程逻辑芯片内部逻辑功能进行设计。本书所介绍的 EDA 开发流程主要是 EDA 软件方面的设计。

可编程逻辑芯片软件设计的完整设计流程如图 3-1 所示，包括了电路功能设计、设计输入、功能仿真、综合优化、综合后仿真、实现、布线后仿真、板级仿真以及芯片编程与调试等主要步骤。

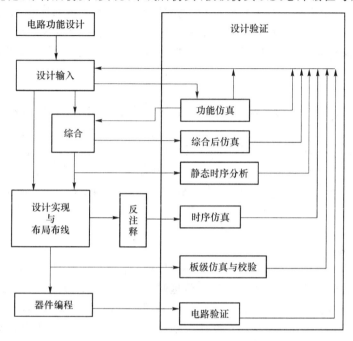

图 3-1 FPGA 开发流程

1. 电路功能设计

在完成方案的论证和器件的选择后，设计人员根据任务的要求采用自顶向下的设计方法把系统分成若干个单元，然后再把每个基本单元划分为下一个层次的基本单元，再将基本单元进行再划分，直到可以直接使用 EDA 元件库为止。

2. 设计输入

设计输入是将所设计的系统或电路以开发软件要求的某种形式表示出来，并输入给 EDA 工具的过程。目前常用的方法有原理图法和硬件描述语言（HDL）等。原理图输入是一种直接的描述方式。早期原理图设计输入模式中通过调用基础逻辑门器件设计复杂的组合逻辑模块，虽然它能较直观的反应系统结构，但设计效率较低，且不容易维护，不适用于设计复杂的逻辑结构。随着系统设计的逻辑电路规模越来越大，且预验证后的功能 IP 内核资源日渐丰富，原理图设计模式重新焕发了生机。硬件描述语言利用文本语言进行设计描述，它将电路的逻辑和结构用语言来进行抽象。目前常用的描述语言有 Verilog HDL 和 VHDL，其共同的特点是：语言与芯片的工艺无关，可移植性好，具有更强的逻辑描述和仿真功能，而且输入效率很好，适合进行复杂系统的设计和开发。目前随着 EDA 设计技术和系统结构的发展，HDL 硬件描述语言已经成为了设计输入不可或缺的途径。

3. 功能仿真

功能仿真是在编译之前对所设计的电路进行逻辑功能验证。这一步的仿真没有延迟信息,仅完成初步的功能检测。在仿真前,用户先利用波形编辑器和 HDL 等建立输入测试激励波形,仿真结果将会生成报告文件和输出信号波形,从中便可以观察各个端口信号变化。如果发现仿真输出波形有错误,则返回设计进行逻辑修改。这个步骤虽然不是开发过程中的必须步骤,但却是设计中验证系统设计最关键的一步。

4. 综合

所谓的综合就是将较高级抽象层次的描述(原理图或者 HDL)转换为较低层次的描述(门电路级或者寄存器传输级)。综合优化根据目标器件特点和优化选项要求生成特定的逻辑连接,供可编程逻辑芯片布线软件进行实现。目前综合优化是指将设计输入编译成由与门、或门、非门、RAM、触发电路等基本逻辑单元组成的逻辑连接网表,而并非真实的门级电路。真实具体的门级电路需要利用可编程逻辑芯片制造上的布局和布线功能,根据仿真后生成的标准门级结构网表来产生。Altium Designer 软件实际是调用了系统中的芯片厂商软件(例如 Quartus、ISE 等)完成综合。

5. 综合后仿真

综合后仿真主要是检查综合结果是否和原设计一样。在仿真时,由综合生成的标准掩饰文件反标注到综合仿真模型中,可估计门电路延时带来的影响。但这一步无法估计布线所带来的延时,因此仿真结果和实际情况还有一定的差距。目前的综合工具较为成熟,对于一般的设计可以省略这一步,但如果在布局布线后发现电路结构和设计意图不符,则需要返回到综合后仿真来确认问题之所在。

6. 设计实现与布局布线

设计实现是将综合生成的逻辑网表配置到具体的可编程逻辑芯片上,布局是其中最重要的过程。布局将逻辑网表中的硬件原语和底层单元合理地配置到芯片内部的固有硬件结构上,并且往往需要在芯片资源的利用和性能的优化布局方面做出平衡。布线根据布局的拓扑结构,利用芯片内部的各种连线资源,合理、正确地连接各个单元器件。由于各个厂商的可编程逻辑芯片结构不相同,所以布局布线必须采用芯片开发商提供的工具,因此 Altium Designer 同样是通过调用系统中芯片厂商的工具(集成与 Quartus 或者 ISE 软件中)完成布局布线。

7. 时序仿真

时序仿真也叫做后仿真,是指将布局布线的延时信息反注解到设计网表中来检查有无时序违规现象(即不满足时序约束条件或器件固有的时序规则,如建立时间、保持时间等)。时序仿真包含的延迟信息最全也最精确,能较好地反映芯片的实际工作情况。由于不同芯片的内部延时不一样,不同的布局布线方案也给延时带来不同的影响。因此在布局布线后,通过对系统和各个模块进行时序仿真,分析其时序关系,估计系统性能,以及检查和消除竞争冒险是非常有必要的。

8. 板级仿真与验证

板级仿真主用于高速电路的设计,对高速系统的信号完整性、电磁干扰等特征进行分析,一般都以第三方工具进行仿真和验证。Altium Designer 具备板级仿真的功能,本书将会在本章节的相关内容简要介绍使用 Altium Designer 进行板级仿真。

9. 器件编程与调试

作为开发的最后一步,器件编程是指产生设计工程的编辑结果数据文件(位数据文件,Bitstream Generation),然后将编程结果数据下载到可编程逻辑芯片中。其中,芯片编程需要满足一定的条件,如编程电压、编程时序和编程算法等方面。在板级的芯片功能调试方面,目前主要采用可编程逻辑芯片内嵌逻辑分析仪对芯片运行过程中各个信号进行采集和处理,Altium Designer 自身具备多种虚拟逻辑仪器以满足用户在设计时完成对不同逻辑功能和信号的调试。

3.2　Altium Designer EDA 设计平台的特点

Altium Designer 是一个完整的电子产品开发环境,包括了物理 PCB 设计、FPGA 硬件设计、嵌入式软件开发、混合信号电路仿真、信号完整性分析、PCB 制作和 FPGA 系统设计等。

在设计环境上,Altium Designer 提供了一体化的设计环境,是通过后台的 DXP 集成化技术平台将所有的设计汇聚到一个环境中——从输入到 PCB 制作,从嵌入式到软件开发再到将 FPGA 设计工程综合下载到一个物理的 FPGA 芯片中。因此熟悉用 Altium Designer 设计 PCB 的用户很容易掌握 FPGA 工程的开发流程。

如图 3-2 所示,在 Altium Designer 创建 FPGA 工程。

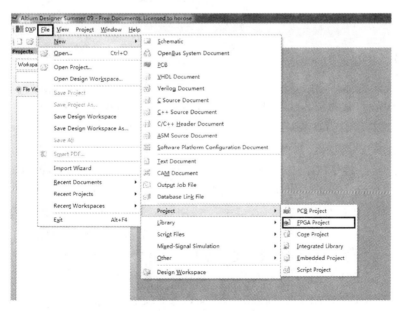

图 3-2　创建 FPGA 工程选项

如图 3-3 所示，在 FPGA 工程输入的支持方面，Altium Designer 和目前常见的 EDA 设计软件类似，即支持原理图输入法和 HDL 语言输入法（Altium Designer 支持 VHDL 和 VerilogHDL 两种硬件描述语言）。同时 Altium Designer 也尝试采用更新的输入方法，即 OpenBus 和 Hardware C 语言的输入，为用户开发 FPGA 提供更迅捷的方式，提高系统设计效率。

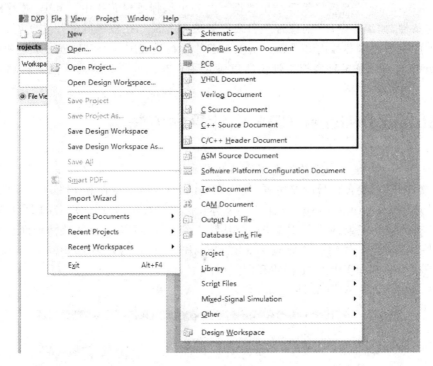

图 3-3　FPGA 工程输入文件选项

如图 3-4 所示，在物理芯片的选择和物理引脚的映射上，Altium Designer 采用了文本方式的输入完成对芯片类型和引脚的约束。这个文本输入文件在 Altium Designer 中被定义成为约束文件，这部分内容将会在第 4 章进行介绍。

如图 3-5 所示，在 FPGA 仿真方面，Altium Designer 自身具备 TestBench 功能，可以实现用户对其所设计的逻辑功能和端口波形进行仿真。

在 FPGA 的综合和布局布线方面，由于各个 FPGA 芯片厂商的 FPGA 结构各不相同，同时其布局布线的优化只有芯片厂商最了解，因此 Altium Designer 在用户完成工程的设计后，将依据约束文件中对芯片的选择直接调用系统中安装的芯片厂商软件完成综合和布局布线。用户需要注意 Altium Designer 版本和芯片厂商软件版本的兼容性。

如图 3-6 所示，由于 Altium Designer 自身具备板级仿真功能，所以用户可以直接在开发环境中完成信号完整性的检查。

第 3 章　Altium Designer FPGA 系统设计

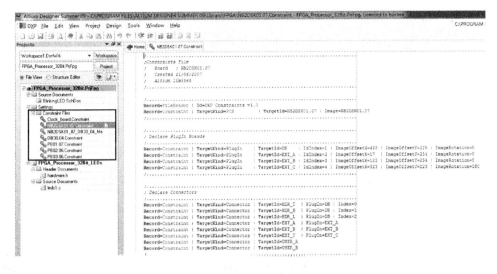

图 3-4　FPGA 工程约束文件

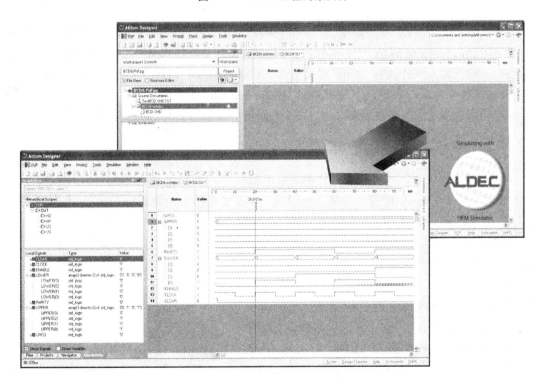

图 3-5　FPGA 工程仿真

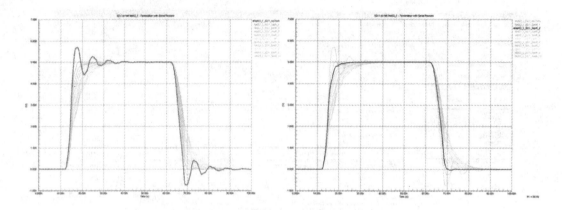

图 3-6　Altium Designer 信号完整性测试

3.3　Altium Designer EDA 开发流程介绍

本章节结合一个 LED 色彩驱动(Altium NanoBoard3000,以下简称 NB3000)的设计案例来介绍 Altium Designer EDA 设计和开发流程。在这个模块的设计中,设计将使用到 HDL 输入法和原理图输入法作为各个阶段和层次的工程设计输入。该设计将产生以下效果:
- LED 颜色可调,3 种颜色 RGB 等级范围为 0~255;
- 可由 NB3000 板子上的拨码调整 LED 的颜色。

3.3.1　新建 FPGA 工程

在 Altium Designer 中,每一个设计都是以工程的形式存在。对于 FPGA 设计,称为 FPGA 工程(*.PrjFpg)。工程的本质是 ASCII 文件,该文件用于存储工程的信息,包括工程的属性、输出设置、编译设置、出错检测设置等。在各个 FPGA 工程内部可能包括多个设计输入,如原理图文件、HDL 输入等;在进行嵌入式系统设计时,FPGA 工程还会包含软核 MCU 的嵌入式软件工程输入。

创建一个 FPGA 的工程如下:

(1) 创建一个 FPGA 工程:执行菜单中的 File→Project→FPGA Project 。

(2) 保存工程:右击 Projects 面板中新建的工程名(FPGA_Project1.PrjFpg),单击 Save Project 命令,并将工程重命名为 LED_RGB.PrjFpg,同时选择保存的路径。

FPGA 工程具有分层结构。工程中包括原理图输入、HDL 输入、OpenBus 输入、Hardware C 输入等,用户可以按照自己的需求来选择一种或者几种作为输入。Altium Designer 的 FPGA 工程都有一个共同点,每个工程必须有一个单独的顶层示意图。该顶层示意图不仅是

第 3 章 Altium Designer FPGA 系统设计

整个工程最终的设计连接(包括各个模块的顶层连接或者模块端口与目标器件引脚的连接),同时也建立了 FPGA 设计与 PCB 设计的之间的联系。在本设计案例中,工程将采用 HDL 完成每个子逻辑模块设计,再采用原理图将各个子模块进行顶层连接,完成整个系统的设计。

3.3.2 HDL 方法设计子模块驱动

采用 VHDL 语言设计 LED 驱动模块,执行以下操作:

(1) 右击 Projects 界面中的 FPGA 工程,单击 Add New to Project→VHDL Document 命令,该操作将在工程中添加一个新的 VHDL 文件。

(2) 右击 VHDL 文件,单击 Save 命令,将 VHDL 文件重命名为 LED_Driv.Vhd,与工程保存在一个目录。如图 3-7 所示。

图 3-7 在新建的 FPGA 工程中添加 VHDL 文件

在设计底层驱动前,首先应该确定硬件的相关信息。所有 Altium 相关的技术信息资料均可以在官方网站 http://www.altium.com/中查到(每一本教材都不可能把全部的技术资料包含进去,学会在官方网站上查找资料很重要)。在 Altium 官方网站上获取 NB3000 的硬件原理图——NanoBoard 3000XN Schematics (Xilinx variant).pdf。在原理图中定位到 LED 的硬件接口,如图 3-8 所示。

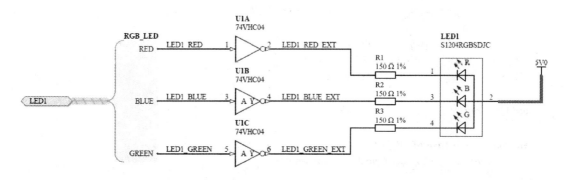

图 3-8 NB3000 中 LED 硬件电路信息

· 57 ·

从 LED 硬件电路图中可以明确地得到以下信息：
- 每一个 LED 内部实际上是由红、蓝、绿色的 3 个 LED 封装而成，其中 3 个输入引脚 1，3，4 分别控制 3 个 LED 的负极，引脚 2 为 3 个 LED 共同的正极；
- 在 NB3000 的电路板上，LED 正极电压为 5 V，3 个独立颜色 LED 的负极串联了 1 个 150 Ω 的限流电阻，FPGA 端通过缓冲反向器 74HC04 来控制 LED 的负极电压，即当 FPGA 输出为"1"时，反向器相应输出 0，LED 正向导通发光。
- 可以通过 PWM 来控制 3 个独立 LED 颜色的明暗等级实现 RGB 颜色的调节，在本设计中 RGB 3 种颜色等级分别为 0～255。

因此每个 LED 的驱动应该具备以下特点：
- 3 个独立的输出端分别控制 3 个 LED 的负极；
- 3 个 8 位的并行输入，用以控制 LED 3 种颜色的 PWM 脉宽等级；
- 1 个时钟输入，用以 PWM 发生器的驱动；
- 可加入少数的控制信号，例如在本设计中将拥有 RST 复位引脚和使能引脚。

在图 3-7 中选中 LED_Driv.vhd 文件，并在输入界面中输入以下代码：

```vhdl
--LED_Driv.Vhd
library ieee ;
use ieee.STD_LOGIC_1164.ALL ;
use ieee.std_logic_unsigned.all;

entity LED_Driv is
port(
    clk :in std_logic;--CLOCK input
    rst :in std_logic;--RESET input
    ctl :in std_logic;--CONTROL input
    R_in:in std_logic_vector(7 downto 0) ;--Red input
    G_in:in std_logic_vector(7 downto 0) ;--Green input
    B_in:in std_logic_vector(7 downto 0) ;--Blue input
    
    R_out:out std_logic;--Red PWM output
    G_out:out std_logic;--Green PWM output
    B_out:out std_logic--Blue PWM output
);
end LED_Driv;

architecture behave of LED_Driv is
    signal cnt8: std_logic_vector(7 downto 0);
begin
process(clk,rst)
```

```
begin
  if rst ='0' then
      cnt8 <= "00000000";
  elsif clk'event and clk ='1' then
    if ctl = '0' then
        cnt8 <= cnt8 +'1';
      if cnt8 = "00000000" then
          R_out <='1';
          G_out <='1';
          B_out <='1';

        else
      if cnt8 > R_in then
          R_out <='0';
          end if;
      if cnt8 > G_in then
          G_out <='0';
          end if;
      if cnt8 > B_in then
          B_out <='0';
          end if;
      end if;
    end if;
  end if;

end process;
end;
```
VHDL 语法主要分为 3 个部分：

(1) 首先是库的调用。库(LIBRARY)是编译后数据的集合。常用的库有 IEEE 库、STD 库(VHDL 标准库)、WORK 库(作业库,调用时不需要说明)。在本模块中使用了以下语法,

```
library ieee ;--使得 IEEE 库可见
use ieee.STD_LOGIC_1164.ALL ;--调用 IEEE 库中的程序包
use ieee.std_logic_unsigned.all;
```

(2) 接着是实体的描述。实体是一个模块接口和属性的描述,相当于建设一动房子,首先要规定房子出入口的数量以及房子自身的属性,例如房子的颜色等等。在 VHDL 中实体的格式如下：

Entity 实体名字 is

[类属参数说明]——常用于说明时间参数(器件延迟)或总线宽度等静态信息。由关键字 GENERIC 引导,格式如下：

GENERIC(常数名:数据类型:=设定值)

例如：

GENERIC(m：time：= 1ns)

属类型可选，在本模块中没有属类型。

［端口说明］——用于模块端口名称和属性的定义。在本模块中定义了以下端口：

End［Entity］［实体名字］；

port(

 clk：in std_logic；--CLOCK input

 rst：in std_logic；--RESET input

 ctl：in std_logic；--CONTROL input

 R_in：in std_logic_vector(7 downto 0) ；--Red input

 G_in：in std_logic_vector(7 downto 0) ；--Green input

 B_in：in std_logic_vector(7 downto 0) ；--Blue input

 R_out：out std_logic；--Red PWM output

 G_out：out std_logic；--Green PWM output

 B_out：out std_logic--Blue PWM output

);

从定义中可知，本模块具备输入端口包括 clk、rst、ctl 和 8 位宽度的 R_in、G_in、B_in，输出单口包括 R_out、G_out 和 B_out 其中 in、out 定义了端口的方向特性。

(3) 最后是结构体描述。它是设计实体的具体行为和结构描述，指设计实体的具体行为、所用元件及其连接关系，即具体描述设计电路所具有的功能，由定义说明和具体功能描述两部分组成。格式如下：

Architecture 结构体名 of 实体名字 is

［定义语句］ 信号(signal)；

      常数(constant)；

      数据类型(type)；

      函数(function)；

      元件(component)等；

Begin

 ［并行处理语句］

End 结构体名；

其中结构体真正的行为描述从 Begin 语句后面开始，定义语句是对本结构体中要用到的信号等进行定义。

首先是信号定义：

signal cnt8：std_logic_vector(7 downto 0)；

该信号用于对时钟的计数。本模块的结构体属于单进程结构，定义如下：

```
process(clk,rst)
begin
……
end process;
```

进程是 VHDL 中常用的语句之一。它本身是一个并行语句,即每个进程都是并行执行,而进程内部由顺序语句组成的,代表进程的逻辑行为。进程启动有两种方式:敏感参数表和 wait 语句。进程结构和结构体类似,begin 语句之前可以定义进程内部的变量,其真正的逻辑描述则是在 begin 和 end 之间。

在本模块的进程中,敏感信号为 clk 和 rst,即这两个信号发生变化就会触发进程启动一次。在进程中当复位信号(rst)有效,即低电平时,进程复位 cnt8 信号;当复位信号无效而控制信号(ctl)有效,即低电平时,进程将 cnt8 数据和各个颜色脉宽输入信息 R_in、G_in、B_in 进行比较,控制各个颜色的 PWM 输出端口的高低电平。

在 Altium Designer 中,保持 LED_Driv.vhd 文件被选中,执行菜单中的 Simulator→HDL Compile,Altium Designer 将编译所输入的 VHDL 源代码。如果出现错误,会自动弹出 Message 对话框显示错误信息。

3.4 Altium Designer 逻辑功能仿真

在完成 VHDL 程序的设计和编译后,由于设计过程中编译器无法对逻辑进行校对,因此需要对设计的行为结果进行验证,以验证设计结果是否符合要求,这个过程称为仿真。

3.4.1 仿真的类型

仿真是从电路的描述抽象出的模型,然后将外部激励信号或数据施加于此模型,通过观察该模型在外部激励信号作用下的响应来判断电路系统是否实现预期功能。

常见的仿真类型有电路级仿真、逻辑仿真、开关级仿真、寄存器传输级仿真、算法仿真。

Altium Designer 提供了 TestBench 逻辑仿真功能,用户可在该功能下完成数字系统逻辑功能的验证。

3.4.2 Altium Designer TestBench 基本结构

测试平台(Test Bench)可以提供一个精确仿真与验证的环境,用于验证设计结果是否符合原先的设计要求。

测试平台结构如图 3-9 所示。测试平台跨接在 DUT(Design Under Test,所测试的 FPGA 项目)两侧,提供 DUT 输入信号,经 DUT 执行后,测试平台接受 DUT 的输出。

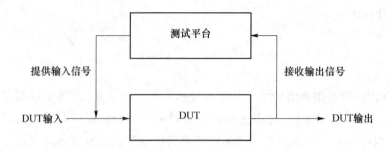

图 3-9 测试平台结构

测试平台主要的目的是以描述方法或以读取文件的方式读入,产生输入信号,发送给 DUT 执行,再由 DUT(设计电路)的输出端取得执行结果,进行对比与验证,确认执行的正确性。测试平台的输入与验证方法常见的有以下 3 种:

● 将输出结果写入文件中,同时可结合其他分析工具,加以检查仿真是否发生错误;

● 将输出结果输出为向量格式,利用波形图显示工具,将结果以波形的形式输出;

● 使用 VHDL 来编写测试平台,从而对输出的结果进行检查与验证工作。

该结构与标准 VHDL 结构类似,分为器件库、实体、结构描述 3 部分。基本语言结构为:

--器件库区
Library IEEE;
Use ieee.std_logic_1164.all;
Use work.all;
--实体区
Entity test_bench is
End;
--在测试平台中不需要 I/O 端口,所以测试平台的实体部分省略留空。
--构造描述区
Architecture stimulus of test_bench is
Component 器件名称

Port 输入与输出端口声明(与 DUT 相同)。在 Altium Designer 中,component 的名称是信号顶层设计的名称,即项目名称。

End component;

Signal 连接的信号声明。在 Test_bench 中需要将信号和信号产生的进程连接起来,因此需要信号将 DUT 端口连接出去。通常信号的名称与 DUT 的 I/O 端口名称相同。

Begin

Port map(……)连接 DUT 端口与声明信号,用以将测试信号和端口连接。

测试信号产生:产生输入的脉冲信号,提供给电路的输入端口(信号发生器)。

3.4.3　Altium Designer TestBench 操作步骤

在 Altium Designer 中,TestBench 是在 3.4.2 中介绍的 VHDL 测试平台文件的基础上实现的。为了提高设计效率,Altium Designer 分别为原理图和 VHDL 文件提供了 TestBench。考虑到本设计案例首先是对 LED 驱动模块完成设计后,再利用原理图将 8 个独立的 LED 驱动和相应的控制模块进行连接,因此在设计模块时采用 VHDL 文件仿真功能完成模块的仿真。

生成 LED_Driv.vhd 测试文件的步骤如下:

(1) 选中 LED_Driv.vhd 文件,执行菜单中的 Design→Create VHDL TestBench,Altium Designer 将自动生成测试文件,如图 3-10 所示。

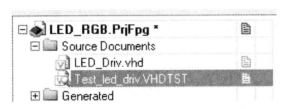

图 3-10　VHDL 测试文件

(2) 选中 Test_led_driv.VHDTST 测试文件。可以发现该文件结构和 3.4.2 介绍的测试文件结构相同。找到 STIMULUS0:process 语句。该语句定义了一个名称为 STIMULUS0 的进程,使用者可以直接在该进程内完成测试信号的产生。如果需要多进程产生测试信号,用户也可以在该进程外自己定义其他进程产生测试信号。

3.4.4　测试信号的产生

TestBench 产生测试信号有以下几种常见的方法:

(1) 非重复性固定时间测试信号。例如 Reset 复位信号,需要在仿真开始 20 ns 内输出低电平,之后恢复为高电平。

```
RST_N : process
    Begin
        RST < = '0','1' after 20ns;
wait;
    end process;
```

(2) 重复性固定周期测试信号。例如产生一个占空比为 50%,频率 100 MHz 的 PWM 信号。

```
PWM_P : process
    Begin
        PWM < = not PWM;
        wait for 5ns;
```

end process;

（3）周期可调测试信号。例如产生一个占空比为 37.5%，频率为 125 MHz 的 PWM 测试信号。

```
PWM_P : process
Constant off_peroid : time : = 5ns;--低电平持续时间
Constant on_peroid : time : = 3ns;--低电平持续时间
    Begin
      wait for off_period;
      PWM <= '1';
      wait for on_period;
      PWM <= '0';
    end process;
```

（4）多脉冲测试信号。例如产生第一个 10 ns 内为低电平，第二个 20 ns 内为高电平，第三个 30 ns 内低电平的测试信号。

```
Signal:process
Begin
    Signal <='0';
      wait for 10ns;
        Signal <='1';
      wait for 20ns;
        Signal <='0'
      wait for 30ns;
        Signal <='1'
      wait;
end process;
```

为 Test_led_driv.VHDTST 产生测试信号方法如下：

在 Test_led_driv.VHDTST 文件相应位置修改以下代码：

```
STIMULUS0:process
  begin
    -- insert stimulus here
    RST<='0','1' after 20ns;--在测试开始时，产生 20 ns 低电平测试信号
    CTL<='1','0' after 30ns;--在测试开始后 30 ns，控制信号有效

    R_IN<= "00010000";--产生 3 种颜色的脉宽控制信号
    G_IN<= "00010000";
    B_IN<= "00010000";
    wait;
end process;


CLK_P:process--产生占空比为 50%，50 MHz 时钟信号
  begin
```

第 3 章　Altium Designer FPGA 系统设计

```
        CLK<='0';wait for 5 ns;
        CLK<='1';wait for 5 ns;
end process;
```

3.4.5　初次启动 TestBench 仿真

（1）执行菜单中的 Simulator→Simulate，Altium Designer 将初始化测试流程配置。在第一次启动仿真时，Altium Designer 会弹出图 3-11 所示对话框提示用户选择编译顺序。Altium Designer 编译顺序为自上而下，因此用户应该选择 Test_led_driv.VHDTST 文件。

图 3-11　第一次启动仿真编译顺序选择对话框

（2）进入仿真界面前，Altium 会弹出图 3-12 所示测试端口设置对话框。在测试端口设置对话框中，位于前端显示的 Edit Simulator Signals 对话框用于选择仿真信号的输入与输出属性。在该对话框中，每个波形信号可有两类选项，即波形显示和使能，用户可根据自己的需要选择使能相关选项。

完成 Edit Simulator Signals 对话框的选择后，单击该对话框中的 Done 按键完成仿真波形的设置。

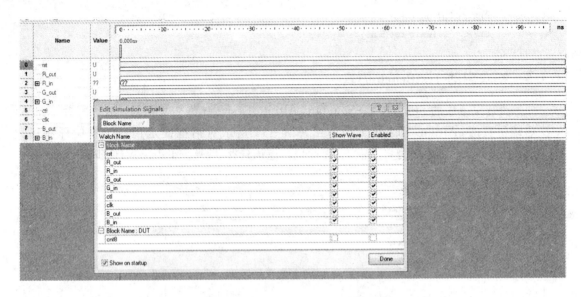

图 3-12　Altium 测试流程初始化界面

(3) 选择菜单中的 Simulator 选项,在下拉菜单中有如下命令选项,如图 3-13 所示。

在命令选项中,Run 和 Run Forever 用以启动仿真。其中 Run Forever 没有仿真时间终点,用户可选择快捷选项中的 Stop Simulation 按键暂停仿真。对于本模块的仿真可以使用以上两种功能选项,这里以 Run 功能来启动仿真。注意,执行菜单中的 Simulator→Simulate 后和仿真信号的设置后,Altium Designer 将切换到仿真界面,在该界面菜单中没有 Simulator 选项。用户可以通过如图 3-14 快捷框中的按键仿真启动功能选项启动相应的仿真。

执行 Run 选项命令,仿真界面会在启动仿真前弹出仿真终止时间设置对话框,如图 3-15 所示。在该对话框中输入 512.00 数值,时间单位选择 ns,确定仿真时间段为 512 ns。

(4) 单击图 3-15 对话框中的 OK 选项,Altium Designer 启动仿真并在仿真界面中输出仿真结果,如图 3-16 所示。

图 3-13　Simulator 中的命令选项

第 3 章　Altium Designer FPGA 系统设计

图 3-14　仿真快捷框

图 3-15　仿真时间设置对话框

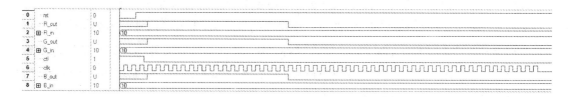

图 3-16　仿真结果

3.5　Altium Designer 原理图输入法设计

3.5.1　原理图分层设计流程与图标创建

在完成 LED 驱动模块的设计后,接着需要将该模块和相应的控制电路连接成一个完整的系统。依据 3.3 章节中定义了系统的功能,接着需要完成以下设计:

● 重复生成 8 个 LED_Driv 驱动控制模块;

● 为系统设计脉宽调整模块,该模块可以输出 3 路并行 8 位信号用以确定 LED 的 PWM 输入脉宽;

● 将各个模块进行连接,实现整个系统设计。

在 Altium Designer 中可将各个模块封装成电路器件图标,再通过顶层原理图实现对各个电路器件图标的连接。

(1) 右击 Projects 界面中的 FPGA 工程,单击 Add New to Project→Schematic 命令,该操作将在工程中添加一个新的原理图文件。

(2) 右击新添加的原理图文件,单击 Save 命令,并将原理图重命名为 LED_Sample.SchDoc,同时选择保存的路径,如图 3-17 所示。

图 3-17 在 FPGA 工程中添加原理图文件

(3) 选中 LED_Sample.SchDoc 文件,执行菜单中的 Deisgner→Create Sheet Symbol From Sheet or HDL,Altium Designer 会弹出 Choose Document to Place 对话框。在该对话框中,用户可以将工程中的 vhd 文件封装成为原理图中对应的电路器件图标。

Altium Designer 支持分层设计,即在一个层次的设计中,系统可以被分为多个模块,每个模块又可以分为多个子模块,每个子模块可以再分块,理论上可以支持用户需要的层次数量。每个层次可以是 HDL 设计或者是原理图连接,每个层可以在上一层的原理图中被封装成为一个电路器件图标,如图 3-18 所示。

为了实现各个 LED 驱动模块的连接,工程需要在 LED_Sample.SchDoc 将 LED_Driv.vhd 封装成为电路器件图标。在 Choose Document to Place 对话框选择 LED_Driv.vhd 并单击 OK 按键,如图 3-19 所示。

Altium Designer 会在 LED_Sample.SchDoc 文件中生成 LED_Driv 的电路器件图标。在本工程中需要生成 8 个 LED_Driv 电路器件图标,如图 3-20 所示。

为了避免 Altium Deisgner 器件名重复报错,工程需要修改每个电路器件图标的名称。本工程默认 LED 驱动模块的名称从 LED_Driv0 至 LED_Driv7。修改电路器件图标方法如下:

(1) 双击 LED_Driv 电路器件图标,Altium Designer 会弹出 Sheet Symbol 对话框,如图 3-21 所示。

第 3 章 Altium Designer FPGA 系统设计

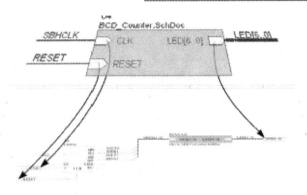

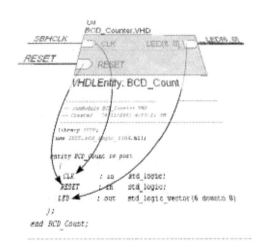

图 3-18 Altium Designer 中分层设计与封装

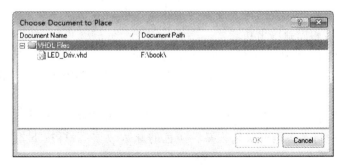

图 3-19 Choose Document to Place 对话框

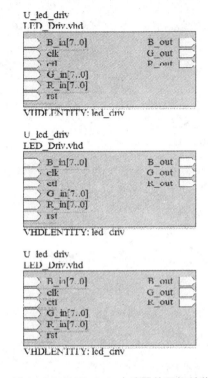
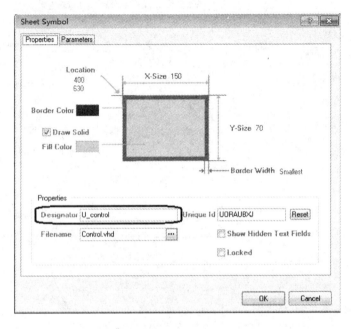

图 3-20　LED_Driv 电路器件图标封装　　图 3-21　器件属性设置对话框

（2）在对话框中修改 Designator 属性,将 8 个 LED_Driv 电路器件图标属性顺序修改为 U_led_driv0 至 U_led_driv7。

按照 LED_Driv 设计流程,再为工程设计一个控制模块,该模块用以测试 LED_Driv 功能。参考 NB3000 平台资源,该模块具备以下功能:
- 锁存 3 种颜色的脉宽控制数据;
- 可接收 8 位拨码开关数据输入用以确定脉宽数据;
- 具备复位输出和控制输出功能。

在 NB3000 平台上,可采用以下方法实现以上功能:

（1）3 种颜色脉宽数据输入可通过同一个端口输入,利用 NB3000 的 8 位拨码开关,电路结构如图 3-22 所示。

（2）3 种颜色脉宽的锁存利用 NB3000 平台上的 3 个独立按键,其中 3 个按键分别控制 3 种颜色的锁存。用户可在拨码开关输入某种颜色的脉宽数据后,再按下相应的锁存按键锁存脉宽数据。

（3）直接利用 NB3000 平台上的第 4 个独立按键产生复位信号。

NB3000 按键电路如图 3-23 所示,按键按下为低电平。

第 3 章　Altium Designer FPGA 系统设计

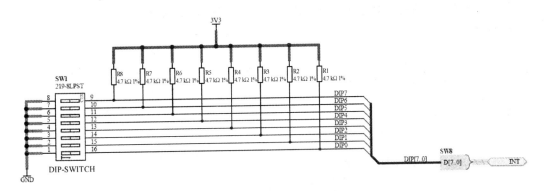

图 3 - 22　NB3000 拨码开关电路

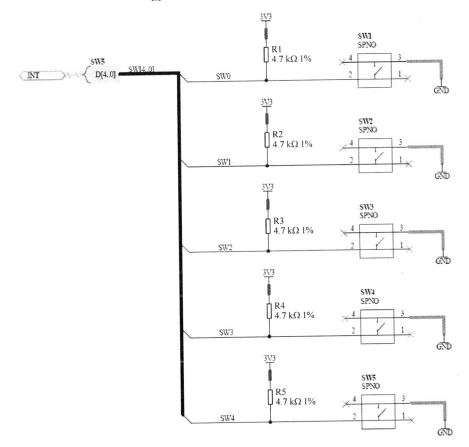

图 3 - 23　NB3000 按键电路

按照同样的设计流程在新建的 Control.vhd 文件中输入以下代码:

```vhdl
--Control.Vhd
library ieee ;
use ieee.STD_LOGIC_1164.ALL ;
use ieee.std_logic_unsigned.all;

entity Control is
port(
    clk :in std_logic;--CLOCK input
    rst :in std_logic;--RESET input
    R_SW :in std_logic;--RED CONTROL input
    G_SW :in std_logic;--GREEN CONTROL input
    B_SW :in std_logic;--BLUE CONTROL input
    Color_in:in std_logic_vector(7 downto 0) ;--Red inpu

    R_out:out std_logic_vector(7 downto 0);--Red PWM output
    G_out:out std_logic_vector(7 downto 0);--Green PWM output
    B_out:out std_logic_vector(7 downto 0);--Blue PWM output
    ctl:out std_logic;--Control output
    rst_out:out std_logic--Reset output
);
end Control;

architecture behave of  Control is
begin
process(clk,rst)
    begin
    if rst = '0' the--Rest Handle
        R_data <= "00000000";
        G_data <= "00000000";
        B_data <= "00000000";
        ctl<='1';
        rst_out<='0';
    elsif clk' event and clk='1' then
        ctl<='0';
        rst_out<='1';
        if R_SW = '0' then
            R_out <=  Color_in;
        end if;
        if G_SW = '0' then
            G_out <=  Color_in;
        end if;
```

```
        if B_SW = '0' then
          B_out <=   Color_in;
        end if;
    end if;
end process;
end;
```

将 Control. vhd 在 LED_Sample. SchDoc 文件中封装成电路器件图标,如图 3 – 24 所示。

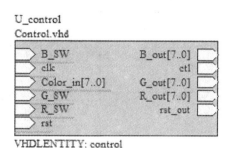

图 3 – 24　Control 模块电路器件图标

3.5.2　原理图模块连接设计

在完成本工程所含两个模块设计后,需要将原理图中的各个模块进行连接。在原理图界面下,用户可以使用如图 3 – 25 的快捷按键直接将各个模块连接。

图 3 – 25　原理图连接快捷方式

选择 将原理图中的 Control 图标的 ctl、rst_out 输出端口连接到各个 LED_driv 图表的 ctl、rst 输入端口,如图 3 – 26 所示。

选择 将原理图中的 Control 图标的 R_out、G_out、B_out 输出端口连接到各个 LED_driv 图表中的 R_in、G_in、B_in 输入端口,如图 3 – 27 所示。

在 Altium Designer 原理图中应该注意以下几点:

(1) 避免电路器件图标重名。在原理图中,每个电路器件图标的名称应该是唯一的,否则原理图将给出红色波浪线警告,如图 3 – 28 所示。

双击电路器件图标,Altium Designer 会弹出图 3 – 29 所示对话框,在该对话框中用户可以设置电路器件图标名称、与图标映射的 HDL 文件、ID 号和器件图标的面积。

将本工程原理图中的 8 个 LED_Driv 的名称顺序设置为 U_led_driv0 至 U_led_driv7。

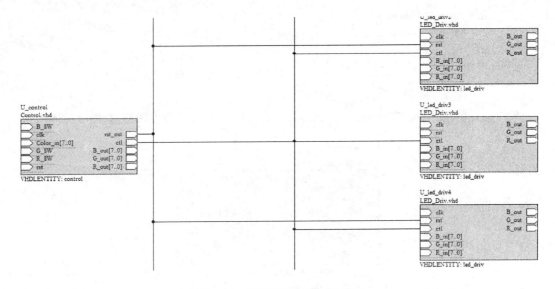

图 3-26 原理图单位宽端口连接

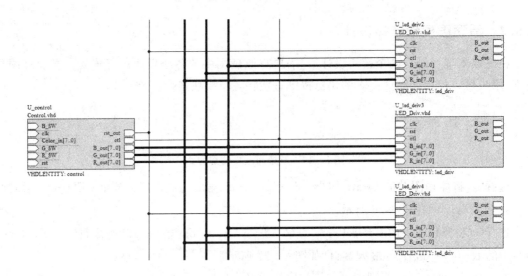

图 3-27 原理图多位宽端口连接

（2）避免器件图标端口悬空。在原理图中,每个电路器件图标的端口应该明确连接,包括与原理图端口图标和与其他器件图标端口的连接。如果输入端口未连接（悬空）,原理图将给出红色波浪线警告,如图 3-30 所示。

（3）避免原理图端口重名。在 Altium Designer 中原理图的输入、输出端口采用图标 ⟩Port⟩ 来表示,它代表所在原理图系统实体的端口。

第3章 Altium Designer FPGA 系统设计

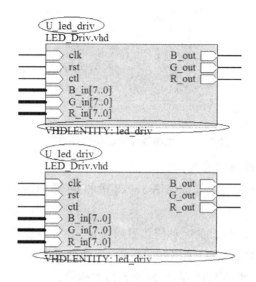

图 3-28　电路器件图标重名警告

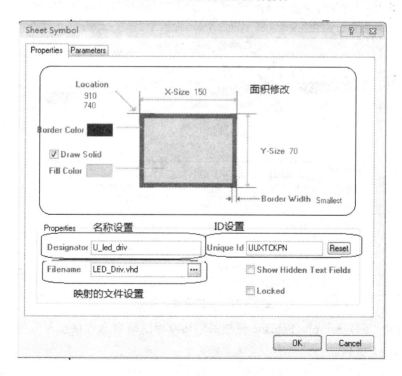

图 3-29　电路器件图标设置框

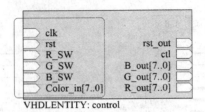

图 3-30 电路器件图标端口悬空警告

为原理图添加原理图端口方法为：

执行菜单中的 Place→Port 或者选择图 3-25 中的 图标，Altium Designer 将创建一个原理图端口。

在原理图中，每个原理图端口的名称应该是唯一的，并且需要明确方向属性，即输入、输出和双向。双击原理图端口器件图标，Altium Designer 会弹出图 3-31 所示对话框。在该对话框中，用户可以设置端口名称、端口方向属性和图标面积等。

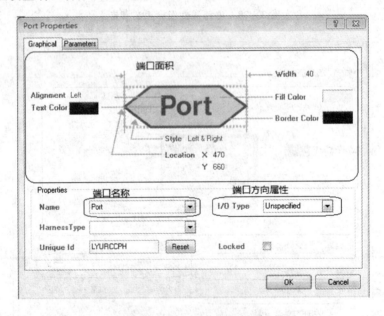

图 3-31 端口属性设置框

为本工程的 LED_Sample.SchDoc 原理图添加原理图端口并连接至相应的电路器件图标的端口，如表 3-1 所列。

第 3 章 Altium Designer FPGA 系统设计

表 3-1 原理图端口连接

端口名称	端口方向属性	连接器件图标	图标端口名称
Clock	Input	U_control U_led_driv0 ⋮ U_led_driv7	clk
Reset	Input	U_control	rst
R_SW	Input	U_control	R_SW
G_SW	Input	U_control	G_SW
B_SW	Input	U_control	B_SW
Color_in[7..0]	Input	U_control	Color_in[7..0]
B_0	Output	U_led_driv0	B_out
G_0	Output	U_led_driv0	G_out
R_0	Output	U_led_driv0	R_out
B_1	Output	U_led_driv1	B_out
G_1	Output	U_led_driv1	G_out
R_1	Output	U_led_driv1	R_out
B_2	Output	U_led_driv2	B_out
G_2	Output	U_led_driv2	G_out
R_2	Output	U_led_driv2	R_out
B_3	Output	U_led_driv3	B_out
G_3	Output	U_led_driv3	G_out
R_3	Output	U_led_driv3	R_out
B_4	Output	U_led_driv4	B_out
G_4	Output	U_led_driv4	G_out
R_4	Output	U_led_driv4	R_out
B_5	Output	U_led_driv5	B_out
G_5	Output	U_led_driv5	G_out
R_5	Output	U_led_driv5	R_out
B_6	Output	U_led_driv6	B_out
G_6	Output	U_led_driv6	G_out
R_6	Output	U_led_driv6	R_out
B_7	Output	U_led_driv7	B_out
G_7	Output	U_led_driv7	G_out
R_7	Output	U_led_driv7	R_out

连接完成的原理图如图 3-32 所示。

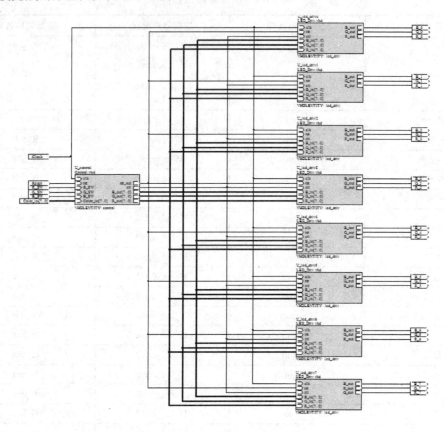

图 3-32　原理图最终设计

3.5.3　原理图设计逻辑仿真

Altium Designer 也支持原理图设计的仿真。用户需要注意的是 Altium Designer 下，原理图输入一般作为顶层文件。当然 Altium Designer 也支持多层原理图设计，但是用户在设计时需要定义一个顶层原理图文件，并且该顶层原理图文件名必须和工程名一致。

建立 LED_RGB 顶层原理图 TestBench 流程如下：

（1）选中 LED_Sample.SchDoc 文件，执行菜单中的 Tools→Convert→Create VHDL TeshBench，Altium Designer 将自动生成 Test_LED_Sample.VHDTST 测试文件。

（2）选中新生成的 Test_LED_Sample.VHDTST 文件，执行菜单中的 Simulator→Simulate。在正常情况下，Altium Designer 会启动仿真；但是用户发现系统并没有启动仿真，并且也没有出现任何错误提示。

第3章 Altium Designer FPGA 系统设计

出现无法启动仿真的问题主要是由于用户没有定义和工程名一致的顶层原理图文件,Altium Designer 在编译时无法找到工程的顶层文件导致系统异常。

用户可通过两种方法解决:
- 将原理图名称修改并保存为工程名;
- 将工程名修改保存为顶层原理图名。

在本工程设计中选择第二种方法,即将工程名另存为 LED_Sample.PrjFpg。在设计过程中,用户可以移除已仿真过的 TestBench 文件保证减少工程文件的复杂性,移除文件方法如下:

选中 Test_LED_Sample.VHDTST 文件,右击执行 Remove from Project 命令,该命令会自动将选中的文件从工程中移除。注意:在 Altium Designer 中移除文件不是删除文件,文件会被自动放置在 Free Document 下,该文件夹下的文件没有工程从属关系,如图 3-33 所示。移除文件并不是删除该文件,仅解除了工程的从属关系。

图 3-33 文件下的文件

选中 Test_LED_Sample.VHDTST 文件,在相应位置修改以下代码:

```
STIMULUS0:process
  begin
    -- insert stimulus here
      RESET<='0','1' after 20ns;--在测试开始时,产生 20 ns 低电平测试信号
      COLOR_IN<="00010000";
    wait;
  end process;

  KEY_R:process--在 40 ns 的时候产生 20 ns 的低电平信号
  begin
      R_SW<='1';
     wait for 40ns;
       R_SW<='0';
     wait for 20ns;
         R_SW<='1';
           wait;
  end process;

  KEY_G:process--在 80 ns 的时候产生 20 ns 的低电平信号
    begin
        G_SW<='1';
```

```
       wait for 80ns;
          G_SW<='0';
       wait for 20ns;
             G_SW<='1';
       wait;
end process;

KEY_B:process--在 100 ns 的时候产生 20 ns 的低电平信号
  begin
       B_SW<='1';
    wait for 100ns;
       B_SW<='0';
    wait for 20ns;
          B_SW<='1';
       wait;
end process;

CLK_P:process--产生占空比为 50%,50 MHz 时钟信号
  begin
       CLOCK<='0';wait for 5ns;
       CLOCK<='1';wait for 5ns;
end process;
```

由于本项目在设计 LED_DIRV 时已经生成了 TestBench 并且进行了仿真,因此需要重新设置仿真选项,设置流程如下:

(1)右击 Projects 界面中的 FPGA 工程,单击 Project Options 命令,在弹出的图 3-34 对话框中选择 Slimulation 框选项。

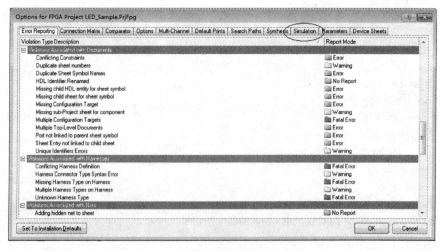

图 3-34 project Options 对话框

第 3 章　Altium Designer FPGA 系统设计

（2）在 Project Options 对话框下的 Slimulation 框中需要修改以下几个设置，包括 TestBench 文档设置、顶层入口/模块设置和顶层结构体设置，如图 3-35 所示。

图 3-35　Simulation 框设置选项

将图 3-35 框中的 TestBench 文档设置为 Test_LED_Sample.VHDTST 选项，顶层入口设置为 Test_LED_Sample.VHDTST 文件中的 TestLED_Sample 实体名，顶层结构体设置为 Test_LED_Sample.VHDTST 文件中的 stimulus 结构体名。

为了避免 Altium Designer 文件编译顺序的错误，需要将 Test_LED_Sample.VHDTST 调整至编译最上方。执行菜单中的 Project→Project Order，在弹出的图 3-36 所示对话框中可通过单击 Move Up、Move Down 两个按键来调整所选中的文件编译位置。

图 3-36　件编译顺序调整对话框

重新选中 Test_LED_Sample.VHDTST 文件,执行菜单中的 Simulator→Simulate 可启动仿真。在启动仿真后,原理图的 TestBench 仿真操作和 HDL 仿真操作相同,用户可参考 3.4.3 小节内容。Test_LED_Sample.VHDTST 仿真波形如图 3-37 所示。

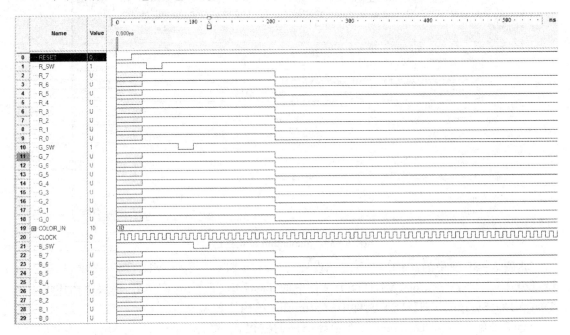

图 3-37　Test_LED_Sample.VHDTST 仿真波形

3.5.4　原理图调用器件库内元件设计

考虑到 50MHz 系统时钟可能会产生 LED 闪烁速度、按键扫描速度过快,造成单次按键多次触发和显示效果降低,可降低系统时钟解决以上问题。用户可采用两种方法:

(1) 修改硬件电路时钟。

(2) 在系统时钟的输入端串联一个逻辑分频器。

这里采用第二种方法,即设计一个逻辑分频模块。用户可采用 HDL 方法编写一个分频器代码,再封装成为电路器件图标的方法。考虑到分频器是标准的 FPGA 模块,因此可直接调用 Altium 标准库内已有的元件完成分频功能。

(1) 在 LED_Sample.PrjFpg 原理图界面右下角单击 system 按键,在弹出的对话框中选择 Libraries,如图 3-38 所示。

(2) 在弹出的 Libraries 对话框中选择 FPGA Generic.IntLib,如图 3-39 所示。该器件库是 FPGA 设计的标准器件库。

第 3 章 Altium Designer FPGA 系统设计

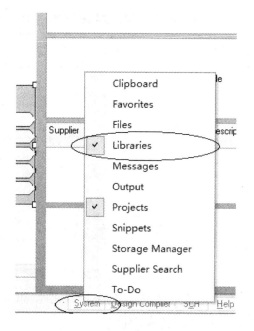

图 3-38　启动 Libraries 库对话框

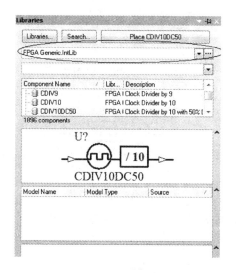

图 3-39　选择库文件

如果选项中没有这个库,用户可以通过单击 Libraries 对话框中的 Libraries.. 按键来启动库的加载。在库的加载界面下,用户可单击 Add Library 按键加载所需要的库,如图 3-40 所示。

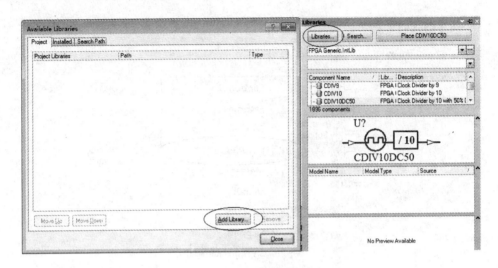

图 3-40　加载库文件

（3）在 FPGA Generic.IntLib 库中选择 CDIV10C50 元件，如图 3-41 所示。该元件可对输入的时钟产生 10 分频和 50% 占空比的脉冲信号。

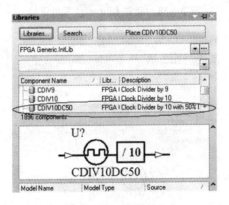

图 3-41　选择器件

（4）将所选中的 CDIV10C50 命名为 U1 并串联在系统时钟内，如图 3-42 所示。

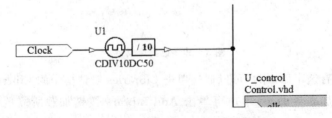

图 3-42　与其他电路器件图标连接

重新启动 TestBench 仿真,并在图 3-43 所示测试端口设置对话框中选中 PinSignal_U1_CLKDV,启动仿真。

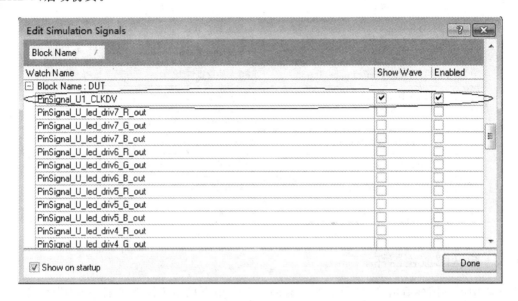

图 3-43　添加分频输出观察信号

在图 3-44 仿真结果中,用户可以发现系统时钟通过 U1 分频器后,频率变为 10 MHz。

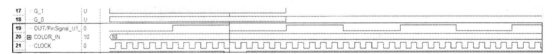

图 3-44　分频波形输出

3.6　Altium Designer 常用操作介绍

3.6.1　原理图 IP 库介绍

FPGA 原理图设计与 PCB 原理图类似,区别仅在于所使用的库不相同。FPGA 使用的库位于 C:\Program Files\Altium Designer Summer 09\Library\Fpga 下。如表 3-2 所列,常用的原理图逻辑 IP 器件一般位于 FPGA Generic.IntLib 中,而标以 NB 开头的库一般都是 NB 平台接口的 IP 器件。

表 3-2 FPGA 常用 IP 库

器件库	说 明
FPGA 32-Bit Processors.IntLib	32 位处理器软核 IP 库
FPGA Configurable Generic.IntLib	FPGA 可配置常用 IP 库
FPGA DB Common Port-Plugin.IntLib	FPGA 外设接口 IP 库
FPGA Generic.IntLib	FPGA 常用逻辑 IP 库
FPGA Memories.IntLib	RAM 或 ROM 逻辑 IP 库
FPGA Peripherals(Wishbone).IntLib	Wishbone 总线外设 IP 库
FPGA Peripherals.IntLib	外设逻辑 IP 库(非 Wishbone 总线)
FPGA Legacy Processors.IntLib	非 32 位处理器软核 IP 库
FPGA Instruments.IntLib	虚拟仪器 IP 库

3.6.2 原理图放置器件

当选中库中图标后,在原理图中放置器件可以采用直接拖曳图标或者单击 Place 按键完成,如图 3-45 所示。

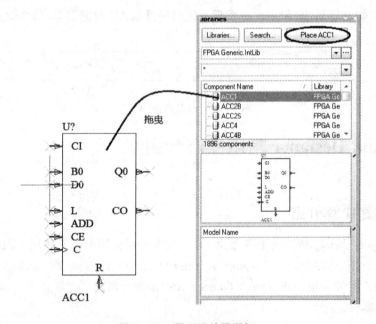

图 3-45 原理图放置图标

当用户选择图标未放置前,或者用户在原理图中选中图标后,图标呈现悬浮状态单击空格按键图标按 90 度旋转;单击 X 按键图标水平旋转;单击 Y 按键图标按垂直旋转;单击 F1 按键可获取说明。

3.6.3 原理图信号的连接

FPGA Generic.IntLib 库提供了不同位宽信号之间的连接,如表 3-3 所列。

表 3-3 位宽转换连接图标

名 称	图 标	说 明
JxS_xB(X)	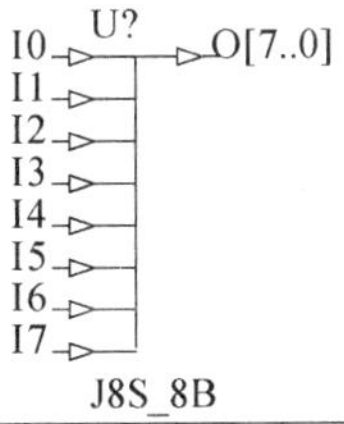 J8S_8B	X 个单位宽的输入信号组合为一个 x 宽度的总线输出,Ix 与 O[x]对应(尾部加 X 代表双向信号)
JxB_xS	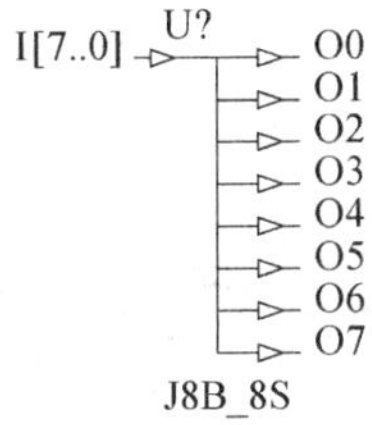 J8B_8S	X 位宽的输入信号分解为 x 个单位的输出信号,Ox 与 I[x]对应
JxBy_zB	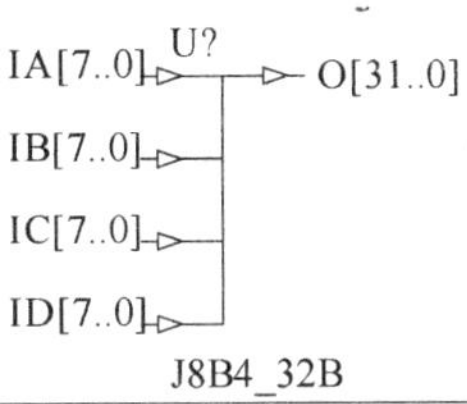 J8B4_32B	Y 个 x 位宽的总线输入信号组合为一个 z 宽度的输出信号,IA 对应 O 信号的低 x 位
JxB_yBz(X)	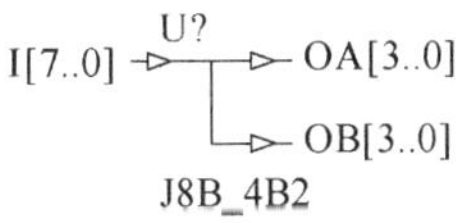 J8B_4B2	x 位宽的输入信号分解为 z 个 y 位宽的总线输出信号,OA 对应 I 信号的低 x 位(尾部加 X 代表双向信号)

用户单击 ➡ 按键以实现不同位宽总线之间的连接,例如将 16 位 IN 信号连接至 32 位 OUT 总线的高 16 位,如图 3-46 所示。

图 3-46 不同位宽总线之间的连接约束

3.6.4 器件图标序号的快速添加

在排列多个图标时,用户可以通过执行菜单中的 Tool→Annotate Schematics Quietly, Altium Designer 将自动对未编号的原理图器件图标进行编号命名。

用户可以通过菜单中的 Tool→Annotate Schematics,在弹出的图 3-47 所示对话框中设置命名的顺序。在 Altium Designer 中一般有 4 种顺序的命名方式。

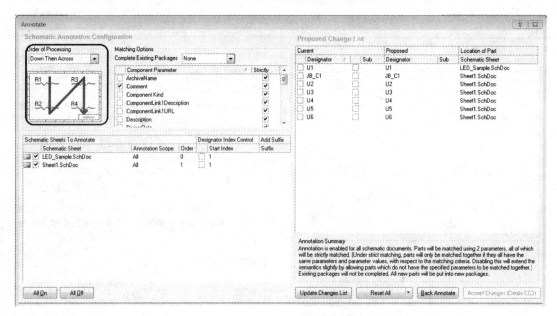

图 3-47 自动命名方式的设置

3.6.5 电源与地的作用

在 FPGA 设计中,电源 图标代表逻辑 1,地 图标代表逻辑 0。其中较细的图标为单位连接,较粗的为多位总线连接。

第 4 章
FPGA 工程的系统验证与 IP 封装方法

概　要：

本章介绍了 Altium Designer FPGA 工程系统验证的基本流程与方法，包括了工程约束文件的操作、编译、综合以及下载。在完成系统的验证后，本章最后介绍了 IP 封装方法。

Altium Designer 是一个完整的 EDA 设计平台，不仅具备设计输入和逻辑仿真功能，同时也具备了系统验证功能。用户在系统验证流程中，可以使用虚拟仪器完成信号的测试与读取，同时结合 NanoBoard 完善的功能，可以实现工程的下载和在线调试。核心工程也是 Altium Designer 为 IP 开发提供的另外一项功能，用户可以通过本章的学习了解 Altium Designer IP 的设计方法。

4.1　FPGA 工程的系统验证简介

FPGA 工程的系统验证又称为系统调试，是目前集成电路设计中最重要的环节之一。由于 FPGA 芯片受到结构、工艺等条件的约束，逻辑仿真结果常常和实际运行的效果之间存在差异。例如，采用同步边沿触发条件的级联计数器设计，在逻辑仿真时由于时钟到达各个级的延迟被忽略，设计人员就无法验证在较高时钟频率时，每级计数器是否均能正常工作。另外，竞争冒险也是令设计人员很头痛的问题，有时这个问题来自于 FPGA 结构特点或者是编译器的布局布线，如果不经过系统验证将无法保证设计的可靠性。

因此每个 FPGA 工程的设计都需要经过系统验证才能确定设计是否符合要求。系统验证不仅能证明设计的工程可以在实际的 FPGA 芯片中稳定运行，而且提供设计人员更加关心的在工程编译中资源的分配、编译器的输出的结果、布局布线等细节方面的信息。

在 Altium Designer 平台中，系统验证可以采用配套的 NanoBoard 或者采用 JTAG 加第三方开发板来实现。采用 NanoBoard 系列开发平台验证 FPGA 工程将变得非常容易，需要的仅仅是用户单击几个按键。在系统调试时，利用智能化的控制面板和虚拟仪器进行工作，用户甚至可以不用操作硬件电路就可以实现系统时钟的改变、功耗的查看、设置输入和捕获输出信号的操作。

4.2　FPGA 工程下载的基本流程

为了实现在 Altium Designer 中 FPGA 工程的下载,首先需要将硬件平台连接至 Altium Designer 中。这里需要注意,虽然 Altium Designer 软件已集成并支持了 Altera、Xilinx、Actel 和 Lattice 4 家公司的 FPGA 电路设计功能,但是在 Altium Designer 环境下,仍需要安装与目标 FPGA 器件相对应由芯片原厂提供的 Quartus II/ISE/ispLever/Libera 开发软件。在 www.altium.com/Community/VendorRecource 中可以找到各个 FPGA 公司软件的下载连接,也可以在 Altium Designer 界面下直接访问：Devices View,单击 Tools 菜单中 Vendor Tools Support 完成,如图 4-1 所示。

本册书主要是基于 NanoBoard3000 平台完成案例的设计。在第 2 章的介绍中,NanoBoard3000 是基于 Xilinx 公司的 FPGA 进行设计的,因此用户需要安装 ISE 软件。在安装完成 ISE 后(其他公司的软件相同),用户无需做任何设置或者启动 ISE,Altium Designer 将在后台完成 ISE 的调用。未安装 ISE 时,Altium Designer 会提示警告"没有发现 ISE",如图 4-2 所示。有时用户虽然安装了 ISE,但是 Altium Desiger 提示版本无法匹配,用户需要调整 Altium Designer 或者 ISE 的版本,避免两者版本的冲突。

图 4-1　Altium Designer 工具支持选项

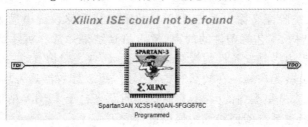

图 4-2　Altium Designer 与 ISE 版本不兼容

4.3　NanoBoard 开发平台与 Altium Designer 的操作

4.3.1　NanoBoard 与 Altium Designer 的连接

Altium Designer 可以通过 USB 接口和 NanoBoard 进行连接,流程如下：
(1) 启动 Altium Designer 软件。

第 4 章　FPGA 工程的系统验证与 IP 封装方法

（2）连接 NanoBoard 电源及板载 mini－USB 接口，并启动 NanoBoard 电源开关。

（3）在 Altium Designer 界面中单击 按键，如果连接无误在界面下会显示所连接的 Nano 平台图标，如图 4－3 所示。

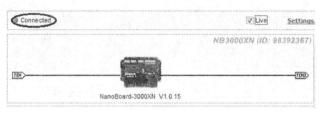

图 4－3　Nano 平台正常连接

如果没有出现 Nano 平台图标，用户可以尝试单击 Live 图标使 Altium Designer 重新启动连接，如图 4－4 所示。

图 4－4　重启 Altium Designer 连接

4.3.2　Altium Designer 与 NanoBoard 的可视化操作

Altium Designer 为所有的 NanoBoard 提供了可视化软件操作，用户可以利用这个功能直接在 Altium Designer 下完成 NanoBoard 硬件功能的配置和信息的读取。

双击图 4－3 中的 Nano 图标，Altium Designer 会自动弹出图 4－5 所示界面。

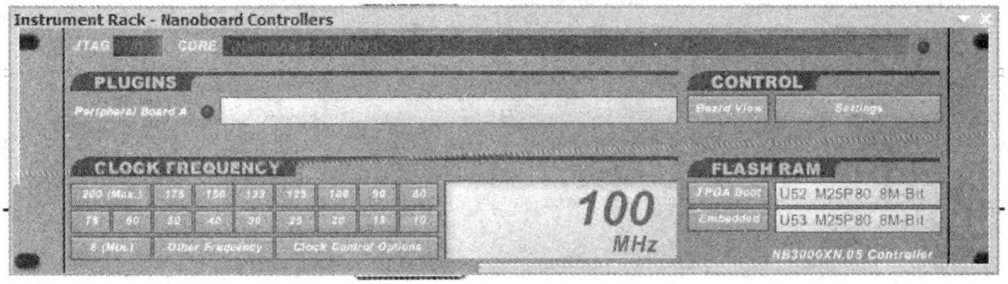

图 4－5　NanoBoard 可视化操作界面

在该界面中，用户可以设置 NanoBoard 的外部时钟频率，如图 4－6 所示。

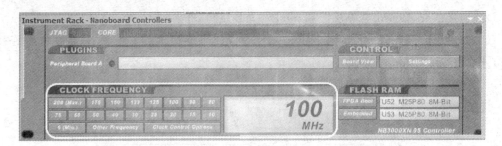

图 4-6 可视化设置 NanoBoard 平台时钟

用户可以查看单击 Board View 按键,查看 NanoBoard 配置信息,如图 4-7 所示。

图 4-7 查看 NanoBoard 配置信息

单击 Setting 按键,用户可设置连接选项和启动选项。连接选项包括 JTAG 使能和 USB 使能模式,启动选项包括了从 NanoBoard3000 板载串行 Flash 或者 SD 存储卡等设备启动,如

图 4-8 所示。

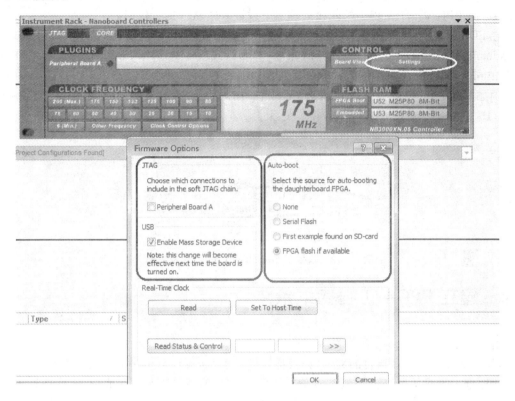

图 4-8 设置连接与启动选项

用户在 FLASH RAM 框中,可单击 FPGA Boot 和 Embedded 按键下载不同的执行文件,如图 4-9 所示。

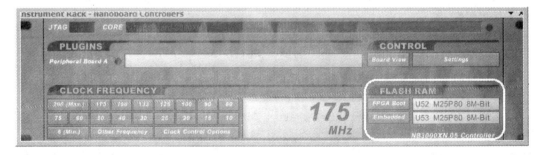

图 4-9 下载执行文件选项

FPGA Boot 用以完成 FPGA 硬件工程下载。如果 FPGA 工程中有软核处理,则 Embedded 用以向 FPGA 系统工程中的软核处理器下载嵌入式软件执行代码。

在 EDA 设计中,如果 FPGA 系统设计中包含了软核处理器,则该设计称为 SOPC 工程设计。在 Altium Designer 中,每个软核处理分别对应一个嵌入式软件工程,即 Embedded Project。在下载时,Altium Designer 为每个嵌入式软件工程提供一个独立的软件下载选项。

例如 FPGA 工程包含一个 TSK3000 软核处理器,用户在 Structor Editor 中查看到如图 4-10 中 MCU 与 Embedded Project 关系。

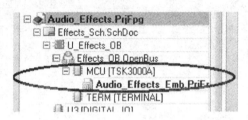

图 4-10　软核与 Embedded Project 对应关系

4.4　建立 FPGA 工程约束条件

由于 Altium Designer 需要利用项目约束文件(Constraint File)配置 FPGA 工程综合的属性,约束文件包括一些指定的细节,如目标器件的型号、端口与引脚的映射关系、标准 IO 口等等。综合一个设计所需要的最基本信息来源于芯片的器件手册。因此用户需要对 FPGA 工程建立一些约束条件才可以完成综合和下载。

4.4.1　约束文件语法定义

从 Altium Designer Example 文件下标准的 NB3000 约束文件可以看出,该文件主要定义了以下几类属性:

(1) 文件自身属性:

Record = FileHeader | **Id** = DXP Constraints v1.0

该属性一般在约束文件创建时就已经存在。

(2) 器件约束:

Record = Constraint | **TargetKind** = Part | **TargetId** = XC3S1400AN-4FG676C

该条语句是配置 FPGA 芯片型号,其中 Record、TargetKind 和 TargetId 为关键词,Constraint 表明该条语句记录为约束条件,TargetKind = Part 表明约束的目标为一个块(器件),目标的 ID 为 XC3S1400AN-4FG676C(Xilinx FPGA)。

(3) PCB 板工程约束:

Record = Constraint | **TargetKind** = PCB | **TargetId** = NB3000XN.04 | **Image** = NB3000XN.04

(4) 端口约束：

Record = Constraint | **TargetKind** = Port | **TargetId** = CLK_BRD | **FPGA_PINNUM** = AE13

用户没有必要重新去学习约束文件语法，因为 Altium Designer 已经提供了智能化的约束文件配置方法，操作流程如下：

打开第 3 章中的 LED_Sample.PrjFpg，右击工程执行 Add New to Project→Contraint File，Altium Designer 为工程添加一个新建的约束文件，如图 4-11 所示。

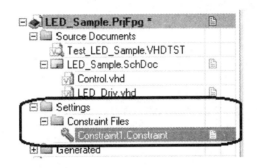

图 4-11 约束文件的添加

在已经建立约束文件中包含了如下信息。

```
;.........................................................
;Constraints File
; Device :此处添加 FPGA 信号表述
; Board :板子的类型
; Project :工程描述
;
; Created 2011/4/17 创建时间
;.........................................................


;.........................................................
```
Record = FileHeader | **Id** = DXP Constraints v1.0 ;文件的属性约束
```
;.........................................................
```
保持新建的约束文件状态为选中。

1. 为 FPGA 工程添加器件约束

执行菜单中的 Design→Add/Modify Constraint→Part 为工程添加器件约束，依据 NB3000 实际的 FPGA 型号资源，在弹出的图 4-12 对话框中做如下选择：

Vedors 选择 Xilinx，FPGA Families 选择 Spartan3AN，Spartan3AN 对话框选择 FG676，Available Devices 选择 XC3S1400AN-5FGG676C(用户可按实际型号做出选择)，单击 OK 按键。此时 Altium Designer 会添加以下约束语句。

Record = Constraint | **TargetKind** = Part | **TargetId** = XC3S1400AN-5FGG676C

Altium Designer EDA 设计与实践

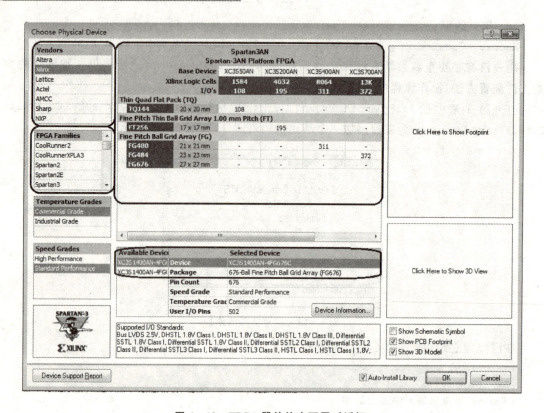

图 4-12 FPGA 器件约束配置对话框

2. 为 FPGA 工程添加 PCB 板工程约束条件

执行菜单中的 Design→Add/Modify Constraint→PCB 命令，添加 PCB 板工程约束，此时 Altium Designer 会自动弹出对话框要求用户选择相应的 PCB 工程。

3. 为 FPGA 工程添加端口、引脚和网络约束条件

在添加这 3 类约束条件前，用户可先导入引脚目标约束。执行菜单中的 Design→Import Port Constraints from Project 命令，系统将自动创建 FPGA 项目中的端口定义约束代码。如下部分代码标注了工程中的端口网络名称约束。

```
Record = Constraint | TargetKind = Port | TargetId = B_0
Record = Constraint | TargetKind = Port | TargetId = B_1
Record = Constraint | TargetKind = Port | TargetId = B_2
Record = Constraint | TargetKind = Port | TargetId = B_3
Record = Constraint | TargetKind = Port | TargetId = B_4
Record = Constraint | TargetKind = Port | TargetId = B_5
Record = Constraint | TargetKind = Port | TargetId = B_6
......
```

端口可配置的约束条件如表 4-1 所列。

表 4-1 端口约束条件

约束属性类型	说　明	约束选项
FPGA_CLOCK_PIN	时钟脉冲引脚	True/False
FPGA_PINNUM	引脚分配约束(引脚号码)	P♯
FPGA_CLOCK	时钟编码	True/False
FPGA_PULLUP	上拉电阻属性	True/False
FPGA_PULLDOWN	下拉电阻属性	True/False
FPGA_IOSTANDARD	标准输入输出引脚	指定引脚电平标准
FPGA_SLEW	引脚反应速度	SLOW/FAST
FPGA_DRIVE	引脚的驱动能力	指定驱动电流
FPGA_PCI_CLAMP	PCI 兼容类型	True/False
FPGA_INHIBIT_BUFFER	无缓冲器的输入输出引脚	True/False
FPGA_CLOCK_FRQUENCY	时钟频率	指定时钟频率
FPGA_CLOCK_DUTY_CYCLE	时钟周期	指定时钟周期

引脚可配置的约束条件如表 4-2 所列。

表 4-2 引脚约束条件

约束属性类型	说　明	约束选项
FPGA_RESERVE_PIN	保留引脚,将要求 place and route 工具不要指定此引脚	True/False
SWAPID	引脚互换的标识 ID	指定 ID 标识码(名称)

网络可配置的约束条件如表 4-3 所列。该约束条件将指定编译和综合的优化选项。

表 4-3 网络约束条件

约束属性类型	说　明	约束选项
FPGA_GLOBAL	此网络将被保持且使用高速的资源	True/False
FPGA_KEEP	防止此网络被最优化	True/False
FPGA_CLOCK_FREQUENCY	时钟频率	指定时钟频率
FPGA_CLOCK_DUTU_CYCLE	时钟周期	指定时钟周期
FPGA_CLOCK_ALLOW_NO_NON_CLOCK_PIN	允许没有时钟引脚	True/False

4.4.2 约束文件的输入与添加

在本工程的约束条件中,如果没有特别的要求可以仅约束引脚数值定义。按照硬件原理图的描述,将本工程其他引脚按照表4-4进行约束。其中复位引脚分配至 TEST BUTTON,R、G、B确定按键分配至 SW1、SW2、SW3 按键。

表4-4 工程约束文件对应项内容

约束属性类型	约束目标	约束数值
FPGA_PINNUM	CLOCK	AD12
FPGA_PINNUM	RESET	K1
FPGA_PINNUM	R_SW	U3
FPGA_PINNUM	G_SW	W2
FPGA_PINNUM	B_SW	W2
FPGA_PINNUM	COLOR_IN[7..0]	AD10,AC10,AB10,AD9,AF7,AA9,AC7,AB6
FPGA_PINNUM	B_0	AB24
FPGA_PINNUM	B_1	W23
FPGA_PINNUM	B_2	AC26
FPGA_PINNUM	B_3	AA23
FPGA_PINNUM	B_4	AC11
FPGA_PINNUM	B_5	AA10
FPGA_PINNUM	B_6	P8
FPGA_PINNUM	B_7	P2
FPGA_PINNUM	G_0	Y24
FPGA_PINNUM	G_1	Y23
FPGA_PINNUM	G_2	W21
FPGA_PINNUM	G_3	AC25
FPGA_PINNUM	G_4	W12
FPGA_PINNUM	G_5	AE10
FPGA_PINNUM	G_6	P3
FPGA_PINNUM	G_7	R1
FPGA_PINNUM	R_0	V19
FPGA_PINNUM	R_1	V21
FPGA_PINNUM	R_2	Y22
FPGA_PINNUM	R_3	Y21
FPGA_PINNUM	R_4	V11
FPGA_PINNUM	R_5	AC9
FPGA_PINNUM	R_6	R9
FPGA_PINNUM	R_7	P1

执行菜单中的 Design→Add/Modify Constraint→Port,在弹出的图 4-13 对话框中输入 Target:CLOCK、Contraint Kind:FPGA_CLOCK_PIN、Contraint Value:True,单击 OK,完成时钟引脚属性的约束。

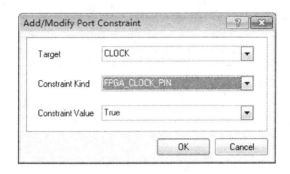

图 4-13 引脚约束配置

完成上述约束后保存修改的约束文件。

上述约束文件必须添加至工程的配置管理器内才能为工程提供约束条件。

右击 LED_Sample.PrjFpg 工程执行 Configuration Manager,在弹出的 New Configuration 对话框中输入新的配置名称,名称可由用户自己决定,完成后单击 OK 按键。

单击下方的 Add 按键(Constraint Files 对话框),选择刚才保存的约束文件,文件名后缀为.Contraint。并在图 4-14 中勾中 LED_Sample 选项,单击 OK。

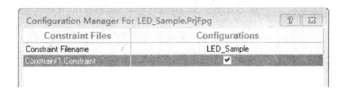

图 4-14 添加约束配置

此时用户便完成了约束工程的编写和添加。

4.5 Altium Designer 编译、综合与下载

在 Altium Designer 中,FPGA 工程的编译与下载可通过可视化界面完成。

在 Altium Designer 界面中单击 按键,在安装完成 ISE 后,Altium Designer 将出现如图 4-15 所示界面。

由于 Altium Designer 可以支持多个工程并行开发,用户可在图 4-16 所示界面中选择相

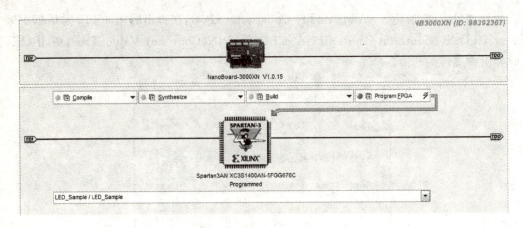

图 4-15 可视化平台操作界面

应的工程完成编译和下载。

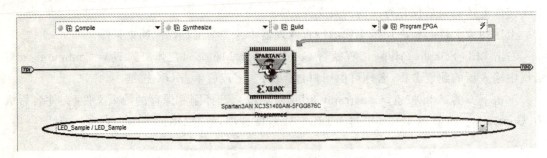

图 4-16 多工程编译选择

从图 4-15 中可知，Altium Designer 将工程的编译到下载分为 4 个主要步骤完成，用户可以独立操作这几个步骤的进行，如图 4-17 所示。

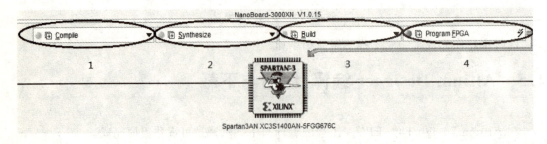

图 4-17 Altium Designer 编译步骤图

第一步为编译步骤，编译 FPGA 项目所有源文件，包括 HDL、原理图、嵌入式软件工程等。该步可以检查电路图错误或者 HDL 语法错误,在编译完成后会生成顶层 VHDL 的描述。

第二步为综合步骤,将编译通过的 FPGA 工程进行综合,符合指定的器件结构。该步功能包括产生网表(.EDIF 文件)提供给建立步骤所需的综合模型。

第三个步骤为建立步骤,该步骤分为图 4-18 所示的几个子步骤,分别为:
- 转换设计:将 EDIF 文件与综合模型文件转换为 NGD 文件;
- FPGA 布置:将设计中的端口与 FPGA 的 IO 对应;
- 布局布线:安排使用到的 FPGA 内部逻辑资源与连接;
- 时序分析:如果约束文件有时许条件约束,该步会执行时序分析;如果没有时序约束,使用常用的时序约束;
- 建立二进制文件:产生下载至 FPGA 所需的配置文件;
- 建立 PROM 文件:Xilinx FPGA 特有的下载配置文件。

第四个步骤为下载步骤,只有在前三步成功后同时连接开发平台才可完成该步。

执行过程所产生的输出文件被保存在项目文件夹中,用户可通过执行菜单中的 Project→Option,并选择 Option 对话框,在 Output Path 框中可以设置输出文件的位置。

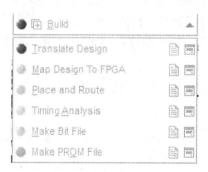

图 4-18 建立子步骤

用户可直接单击第四步的图标完成整个下载过程。完成下载后,用户可在 NanoBoard3000 平台上看到 LED_Sample 运行的效果。

由于第四步下载是将二进制文件下载至 RAM 中,平台断电后需要重新下载才能运行。在 4.3.2 小结中介绍过,Altium Designer 支持 Flash 模式的下载。

注意:NanoBoard3000 平台没有 FPGA 配置 Flash 芯片,用户拆下 LCD 后发现平台还有一块 FPGA。该片 FPGA 用于连接 SPI 串行接口的 Flash 和核心 FPGA。该 FPGA 将 Flash 分为多个块用以存储 FPGA 配置文件和嵌入式工程执行文件。在平台启动时,该片 FPGA 先将 SPI Flash 翻译为标准的 Xilinx 配置文件格式以实现核心 FPGA 的配置。

单击图 4-9 中平台图标后单击 FPGA Boot 按键,Altium Designer 会弹出图 4-19 所示

对话框。

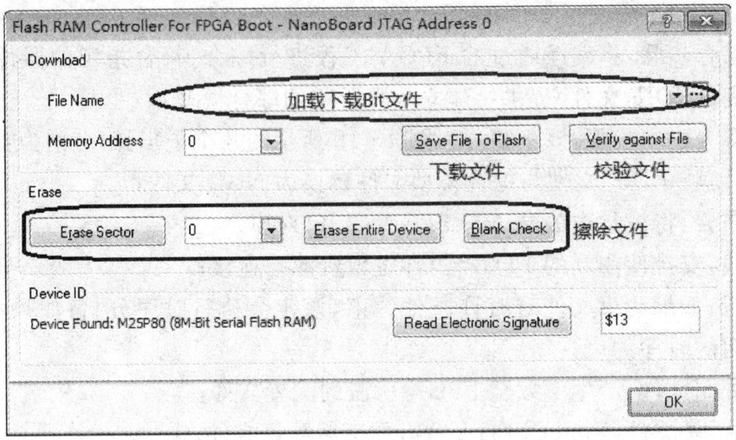

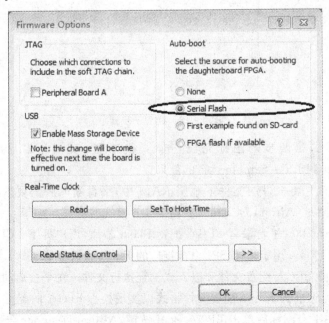

图 4-19　Flash 下载配置对话框

用户可首先擦除整块 Flash,加载下载 Bit 文件,文件位于工程目录下,名称为:led_sample_cclk.bit,单击 Save To Flash。重新启动平台电源,用户发现此时程序没有运行。

由于 NanoBoard 平台支持多种启动模式,因此用户需要设置平台从串行 Flash 启动。单击图 4-5 中平台图标后单击 Settings 按键,设置为如图 4-20 所示后,再次重启平台,电源程序会自动加载运行。

图 4-20　设置启动模式对话框

4.6 采用标准的 Nano 平台完成下载

用于 Altium Designer 为 NanoBoard 平台提供了标准的接口也约束文件,因此用户可以直接使用它们完成下载。

重新打开第 3 章的 LED_Sample.PrjFpg,在顶层原理图中做如下修改:

(1) 删除原理图中输入与输入端口图标;

(2) 在 Libraries 中选择"FPGA NB3000 Port-Plugin.IntLib"元件库,将表 4-5 所列电路器件图标放置在图纸中。

表 4-5 接口器件图标

名 称	图 标
CLOCK_BOARD	CLK_BRD
TEST_BUTTON	TEST_BUTTON
USER_BUTTON0	SW_USER0
USER_BUTTON1	SW_USER1
USER_BUTTON2	SW_USER2
DIPSWITCH	SW[7..0]
LEDS_RGB	LED_R[7..0] LED_G[7..0] LED_B[7..0]

在"FPGA NB3000 Port-Plugin.IntLib"元件库内包含了 NanoBoard3000 平台的全部接口电路图标,接口名称和标准的约束文件相对应。

输入端连接按照图 4-21 所示连接。

由于标准 LED 的接口图标采用了总线方式,因此需要将每一条网络和总线中的网络进行对应。直接采用连线方式会造成走线过于复杂,不仅容易出错,而且不美观。

采用图标法连接可解决以上的问题。在 Altium Designer 原理图中,每条走线都对应一个网络标识。如果两条走线的标识相同,在连接时没有直接连接,但 Altium Designer 会认为它们已经连接到了同一个节点。

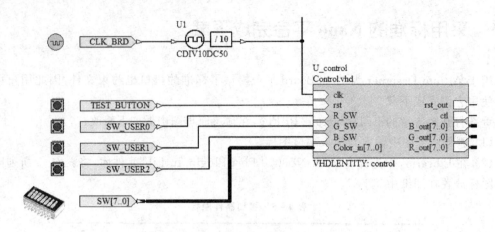

图 4-21 采用标准接口图标实现端口连接

单击 Altium Designer 菜单中的 Net 图标后按下键盘的 Tab 按键,在界面中会弹出图 4-22 对话框。

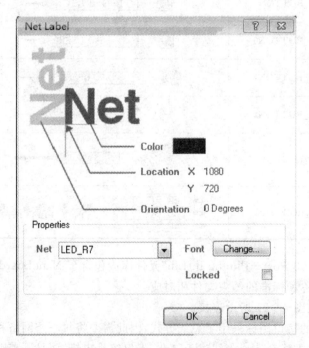

图 4-22 网络标识设置对话框

在该对话框中的 Net 框用户可输入标识名称。

将 LED 接口标准化图标按照图 4-23 所示连接。

第4章 FPGA工程的系统验证与IP封装方法

图4-23 输出端口的连接

设置3个网络标识,名称分别为LED_R[7..0]、LED_G[7..0]、LED_B[7..0],按照图4-24所示放置。

图4-24 添加网络标识的连接

在完成网络标识的添加后,3条连线的网络标识分别为:LED LED_R[7..0]、LED_G[7..0]、LED_B[7..0]。

设置3组网络标识,分别为LED_R0～LED_R7、LED_B0～LED_B7、LED_G0～LED_G7,它们分别表示了LED_R、LED_B、LED_G网络中的不同位。

将这3组网络标识分别放置8个led_driv 3个颜色的输出端,如图4-25所示。

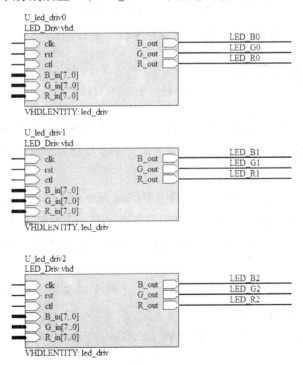

图4-25 网络图标发连接输出端口

右击工程执行 Add Exsiting to Project，在弹出的对话框中选择标准的约束文件——NB3000XN.05，该文件位于 C:\Program Files\Altium Designer Summer 09\Library\Fpga 下。

用户可通过图 4-7 确认平台类型，在图 4-7 中可得知平台为 NB3000XN.05。

右击 LED_Sample.PrjFpg 工程执行 Configuration Manager，在弹出的 New Confuration 对话框中输入新的配置名称，名称可由用户自己决定，完成后单击 OK 按键。

单击下方的 Add 按键（Constraint Files 对话框），选择刚才保存的约束文件，文件名后缀为.Contraint。并在图 4-26 中勾中 LED_Sample 选项，单击 OK。

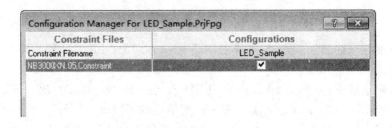

图 4-26 添加标准约束配置

重新执行 4.5 节的下载步骤，工程可重新在平台上运行。

4.7 虚拟仪器的使用

在系统调试时，用户可以利用 Altium Designer 提供的虚拟仪器完成不同功能的测试，例如频率发生器、计数器、逻辑分析仪等。在 4.3.2 小结中介绍的平台可视化操作框也是虚拟仪器的一种。

在使用虚拟仪器之前，用户需要在原理图中添加 Nexus JTAG 链图标，保证虚拟仪器能通过"软"扫描链实现数据的传输（关于软链的方法详见第 8 章内容），方法如下：

（1）在 FPGA Generic.IntLib 元件库中选择 NEXUS_JTAG_PORT 电路器件图标，如图 4-27 所示。

（2）在 FPGA NB3000 Port-Plugin.IntLib 元件库中选择 NEXUS_JTAG_CONNECTOR 电路图标，如图 4-28 所示。

（3）将 NEXUS_JTAG_PORT 器件和 NEXUS_JTAG_CONNECTOR 器件连接，如图 4-29 所示。

第 4 章　FPGA 工程的系统验证与 IP 封装方法

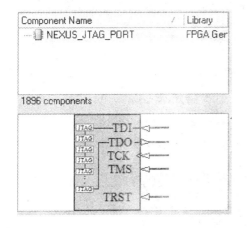

图 4-27　NEXUS_JTAG_PORT 器件

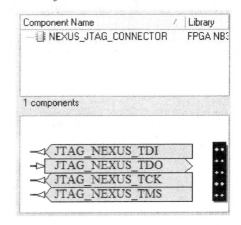

图 4-28　NEXUS_JTAG_CONNECTOR 器件

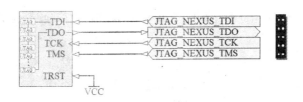

图 4-29　NEXUS JTAG 图标连接方式

虚拟仪器的使用非常简单，Altium Designer 已经将各种虚拟仪器封装为标准的电路器件图标了。这里将选取几个虚拟仪器以说明使用方法。

虚拟仪器位于 FPGA Instruments.IntLib 元件库内，如图 4-30 所示。

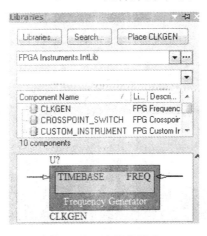

图 4-30　虚拟仪器库

结合 LED_Sample 工程,在顶层原理图中首先添加时钟发生器,如图 4-31 所示。

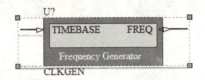

图 4-31　时钟发生虚拟仪器

修改时钟发生器的图标名为 U_CLKGEN,并将它连接,如图 4-32 所示。

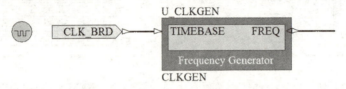

图 4-32　时钟发生虚拟仪器的连接

重新编译与下载 FPGA 工程,此时在下载界面 Altium Designer 会产生虚拟仪器控制图标,如图 4-33 所示。

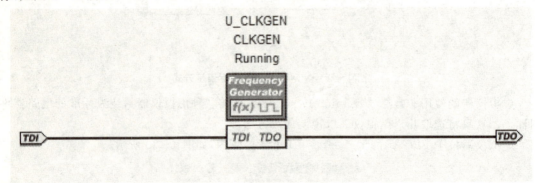

图 4-33　虚拟仪器控制图标

双击该图标,界面会弹出如图 4-34 所示控制界面。

图 4-34　时钟发生虚拟仪器控制界面

第4章 FPGA 工程的系统验证与 IP 封装方法

在该界面中用户可完成以下操作：

在界面中设置运行频率。

用户可单击界面中的 Baud Rates，选择 9600，LED 会出现明显的闪烁，同时虚拟仪器显示运行频率为 9.6 kHz，如图 4-35 所示。

图 4-35 设置运行频率

单击 Run 按键，可控制 FPGA 运行与停止。

再为原理图添加一个数字 IO 虚拟仪器，该仪器可以设置和读取 IO 的状态，该虚拟仪器的名称为 DIGITAL_IO，如图 4-36 所示。

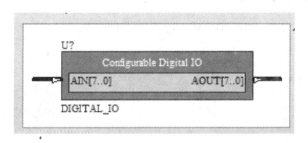

图 4-36 数字 IO 虚拟仪器

在原理图中选中该仪器右击执行 Configure (DIGITAL IO)，在弹出的图 4-37 所示对话框内用户可完成以下设计：

● 为输入添加/删除多个通道(组)IO；

● 为输出添加/删除多个通道(组)IO。

例如：在 Input Signals 框中单击 Add，Altium Designer 会生成另外一组 IO，如图 4-38 所示。

用户可单击 Name、Style、Color 完成每组 IO 属性的设置。单击 OK 按键，原理图中的图标也将同步改变为两组输入的虚拟 IO 仪器，如图 4-39 所示。

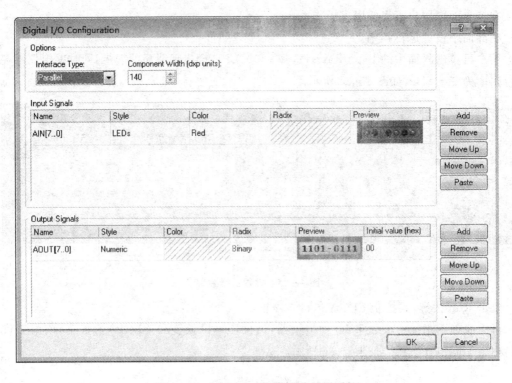

图 4-37 数字 IO 虚拟仪器设置对话框

图 4-38 添加另外一组 IO

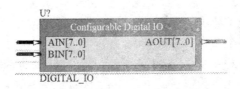

图 4-39 同步变化的虚拟仪器

添加 4 组输入和 1 组输出,修改数字 IO 虚拟仪器,将该仪器的图标名改为 U_IO,并将它连接,如图4-40所示。

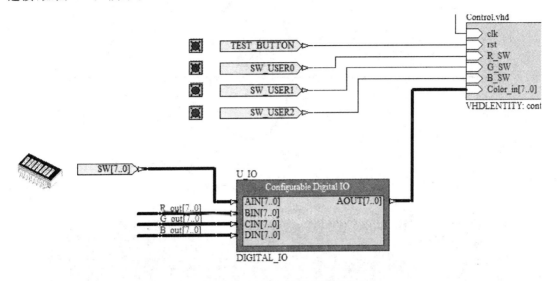

图4-40 数字IO虚拟仪器的连接

在图4-40中数字IO输入的3个网络标识R_out[7..0]、G_out[7..0]、B_out[7..0]的连接,如图4-41所示。

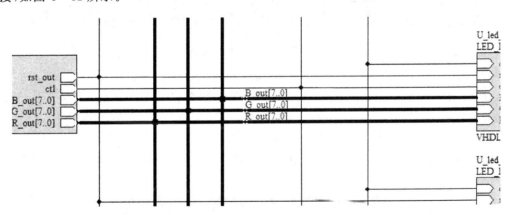

图4-41 数字IO虚拟仪器网络标识的连接

保存全部并重新编译下载,在下载界面会生成另外一个虚拟仪器控制图标,如图4-42所示。

双击该控制图标,Altium Designer弹出如图4-43所示界面。

在该界面中,左边为输入端显示,用以显示Input数据的状态。用户改变平台上的拨码开关则AIN通道会同步显示相应的拨码状态。

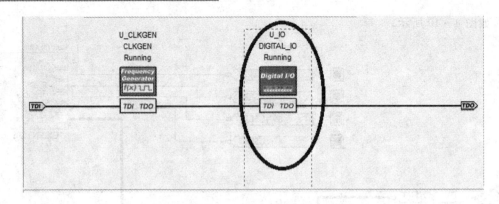

图 4-42 数字 IO 虚拟仪器控制图标

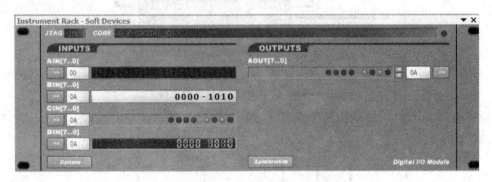

图 4-43 数字 IO 虚拟仪器控制界面

右边为设置 IO 的输出,如图 4-43 所示,输出设置为 00001010。根据 FPGA 工程中控制模块的逻辑,用户分别按下平台上的 SW1、SW2、SW3,则数据被锁存至控制模块颜色位宽的输出端,即虚拟仪器的另外 3 个输入通道。因此在图 4-43 中,另外 3 个通道分别为 00001010、00001010、00001010。

单击虚拟仪器中的 Options,用户可在弹出的图 4-44 对话框中设置显示更新时间间隔,默认为 250 ms。

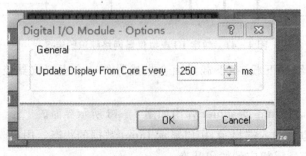

图 4-44 显示更新时间设置对话框

在控制界面中的 >> 按键用以手动更新输入输出数据。Synchronize 用以实现每个频道的输入值和输出值同步,即输出与输入同步。在用户没有单击 >> 前,同步仅是仪器内部同步,此时实际的输出没有发生改变。

最后为工程添加一个频率计数器虚拟仪器,该虚拟仪器电路器件图标如图4-45所示。

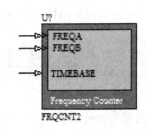

图4-45 频率计数虚拟仪器

在顶层原理图中添加一个频率计数虚拟仪器,将该仪器图标名称改为U_FQ,并连接成如图4-46所示。

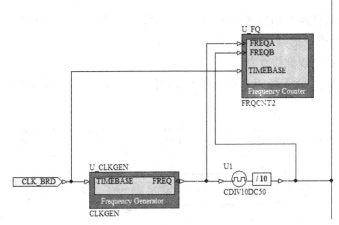

图4-46 频率计数虚拟仪器的连接

其中TIMEBASE为基准时钟源,另外两个通道为两个计数通道,用以获取两个通道的频率数值。

保存全部并重新执行图4-17的下载步骤,在下载界面会生成第三个虚拟仪器控制图标,如图4-47所示。

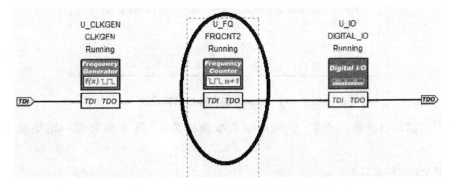

图4-47 频率计数虚拟仪器控制图标

双击该控制图标，Altium Designer 弹出如图 4-48 所示界面。

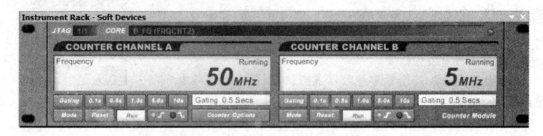

图 4-48　频率计数虚拟仪器控制界面

将时钟发生虚拟仪器的输出频率设定为 50 MHz。从图 4-48 中可知，经过了 10 倍标准分频后，A 和 B 两个通道的频率相差 10 倍。

该控制界面的各个按键操作如下：

单击 `Counter Options`，用户可在弹出的图 4-49 对话框中设定更新显示时间间隔和基准时间频率。

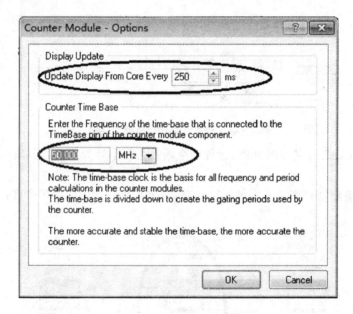

图 4-49　更新时间和基准频率设置

`Gating` 按键用以设置门周期，该周期由基准频率决定，其周期数值一定能被基准频率整除。

门周期＝1/(基准频率/2n)

其中 n 介于 $0 \sim (2^{32}-1)$。同时用户也可以直接按下 设置常用的门周期。

按键用以设置仪器工作的模式,共有以下 3 种工作模式:
- 频率显示模式:在设定的门周期内,输入信号的上升沿或者下降沿的频率。可测量的范围为 $0 \sim$(基准频率/2)Hz 之间。

  频率值＝周期边沿数/门周期
- 周期显示模式:在设定的门周期内,输入信号的上升沿或者下降沿的个数,转换为信号的周期。最大分辨率为 1/(基准时间周期/2)。

  周期值＝门周期/周期边沿数
- 计数显示模式:显示统计的边沿数目,与门周期无关。最大计数值为 9,999,999,999,移除将从 0 开始计数。

用以选择上升沿或者下降沿。

用以停止复位仪器和启动仪器。

同时启动 3 个虚拟仪器,Altium Designer 将 3 个仪器同时合并到 1 个界面中,如图 4-50 所示。

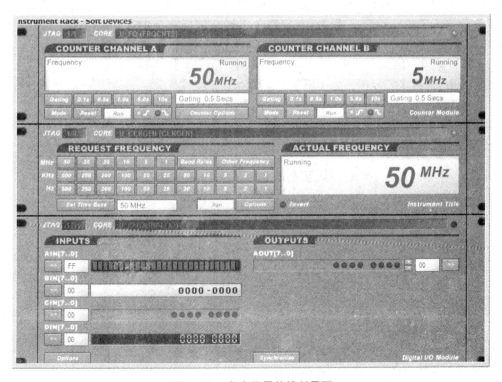

图 4-50 多个仪器的控制界面

4.8 核心工程设计与 IP 封装设计

4.8.1 设计与发布 IP 器件

IP 是 Intellectual Perproty 的简写,是目前 EDA 设计领域的一个重要组成部分。目前很多专业的书籍和网络资料都在介绍 IP,很多用户在读完这些资料后常常无法定义 IP 设计到底是什么。简单而言,IP 就是将某些功能固化,而当 EDA 设计也需要这些功能的时候,就可以直接将植入了此功能的 IP 拿过来用,不用再重新设计,简化了 EDA 设计的复杂度。

在近些年,伴随着集成电路设计的发展,IP 市场也在快速增长。据调查,IP 市场每年增长 40% 以上。目前常用的 EDA 设计工具,例如 Quartus、ISE 等都集成了 IP 的设计功能,Altium Designer 同样也具备 IP 设计功能。

在 Altium Designer 中,IP 的设计功能被整合成为一个全新的工程——Core Project(核心工程),主要设计流程如图 4-51 所示。

本章节以 LED_Sample 工程为例,将整个工程封装成为一个 IP,完成以上步骤。

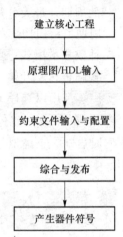

图 4-51 IP 设计流程

(1) 执行菜单中的 File→New→Project→Core Project 为工程添加器件约束,并将该工程保存为 LED_IP.PrjCor。

(2) 将 LED_Sample.PrjFpg 中的 LED_Sample.SchDoc、Control.vhd 和 LED_Driv.vhd 拷贝到 LED_IP.PrjCor 目录下,并将它们添加至工程中,如图 4-52 所示。(用户注意原理图 LED_Sample.SchDoc 位于 .vhd 文件的上方)。

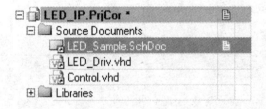

图 4-52 为 Core Project 添加文件

(3) 为 LED_IP.PrjCor 添加一个新的约束文件,在文件中添加 Part 约束。依据开发平台核心 FPGA 的型号添加约束为:

Record = Constraint | **TargetKind** = Part | **TargetId** = XC3S1400AN - 5FGG676C

并将约束文件保存为 Xilinx.Contraint。

第 4 章　FPGA 工程的系统验证与 IP 封装方法

右击 LED_IP.PrjCor 工程执行 Configuration Manager，添加 Configurations 为 Xlinx，如图 4－53 所示。

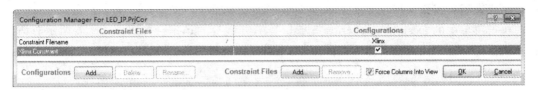

图 4－53　为 Core Project 添加约束

用户可以添加多种 FPGA 型号的约束，Altium Designer 会发布不同的版本。

执行菜单中的 Design→Synthesize All，Altium Designer 会完成 IP 核心器件的综合，并产生如图 4－54 所示的文件。

其中 .edn 文件描述了产生核心器件的主要模块，与半导体厂商的布局与布线无关。.log 文件记录了综合的信息。.VHD 文件是核心器件的 HDL 描述，也是子模块连接的描述。

图 4－54　综合产生的文件

执行菜单中的 Design→Publish 发布核心库，如果信息提示 cannot find "working folder"，用户执行菜单中 Tools→FPGA Preferences，在弹出的对话框中选择 Synthesis，并在 User presynthesized model folder 输入 F:/Core Project，单击 OK 按键，如图 4－55 所示。

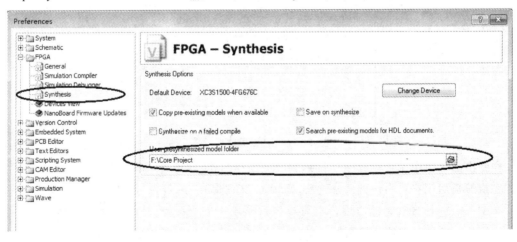

图 4－55　FPGA 核心库配置对话框

用户可执行菜单中的 View→Workspace Panels→System→Messages 调出消息窗口进行查看。

完成发布后保存工程。

执行菜单中的 Design→Generate Symbol,Altium Designer 会弹出图 4-56 所示对话框。该对话框用以提示用户是否建立新的库,第一次操作选择 Yes。

图 4-56 提示新库的创建

在弹出的图 4-57 所示对话框中用户可以输入将要产生的 IP 器件的外形,包括宽度、高度和引脚长度;在 Style 栏目中用户可以定义引脚的排列方式。一般可选择默认,单击 OK 按键。

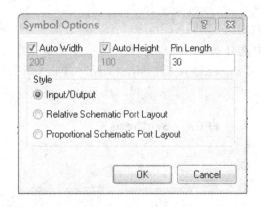

图 4-57 IP 图标外形设置

在弹出的界面中用户可以手动排列和改变图标面积,如图 4-58 所示。

完成编辑后用户可右击图 4-59 中.SchLib 文件保存,更名为 LED_IP.SchLib。

选中 LED_IP.SchLib 后,用户也可以执行菜单中的 View→Workspace Panels→SCH→SCH Library 显示器件的其他属性,如图 4-60 所示。

单击自身属性设置框中的 Edit 按键,Altium Designer 将弹出如图 4-61 所示对话框,用户可在该对话框中完成默认名称、描述等设置。

第 4 章　FPGA 工程的系统验证与 IP 封装方法

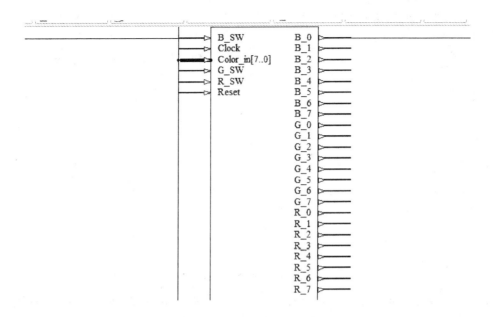

图 4-58　IP 图标

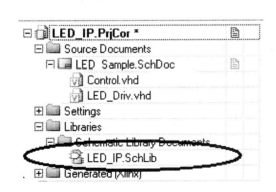

图 4-59　IP 库文件

图 4-60　IP 器件的设置

Altium Designer EDA 设计与实践

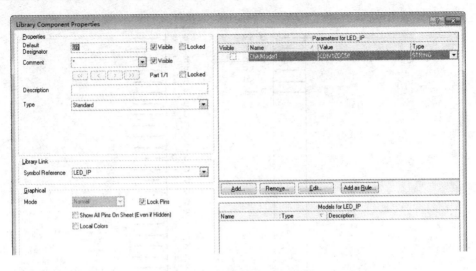

图 4-61 自身属性设置对话框

在引脚设置对户框中选中一个引脚,单击 Edit 按键,Altium Designer 将弹出如图 4-62 所示对话框,用户可以完成引脚名称、输入/输出、外形等属性设置。

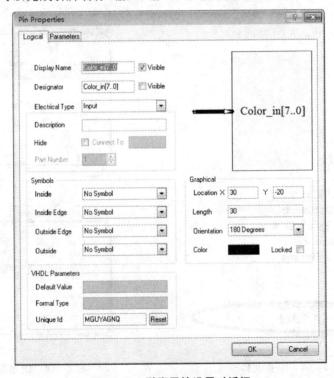

图 4-62 引脚属性设置对话框

第 4 章　FPGA 工程的系统验证与 IP 封装方法

用户可以在工程目录下找到一个.zip 文件,该文件将是 IP 器件的核心源文件。如果用户发布多个 FPGA 型号的 IP 器件,将有多个.zip 文件。

完成设置后保存库文件。

4.8.2　验证 IP 器件

对 IP 器件测试的方法有很多种,需要一些专门的设计验证工具。本书将利用 FPGA 工程来验证 4.8.1 所设计 IP 的正确性。

(1) 新建一个 FPGA 工程,保存为 LED_TEST.PrjFpg,并为工程添加一个 LED_TEST.SchDoc 原理图。

(2) 在该原理图中打开图 4-63 库加载界面。

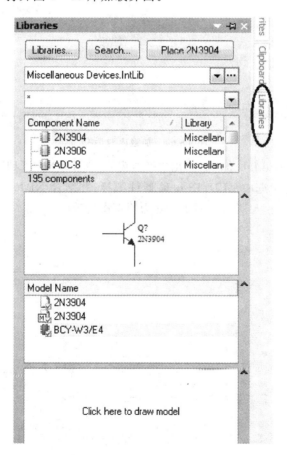

图 4-63　库加载界面

在图 4-63 中单击 Libraries 按键,Altium Designer 将弹出图 4-64 所示对话框。

Altium Designer EDA 设计与实践

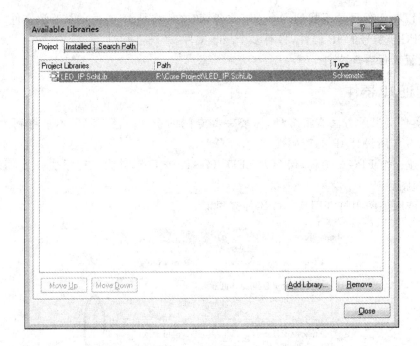

图 4-64 加载库对话框

在图 4-64 中单击 Add Library 按键,用户可加载 4.8.1 中生成的 LED_IP.SchLIb 文件。

在所加载的库文件中选中 LED_IP 电路器件图标,并结合 NB3000 Port－Plugin.IntLib 库设计将原理图,如图 4-65 所示。图 4-66 为原理图细节。

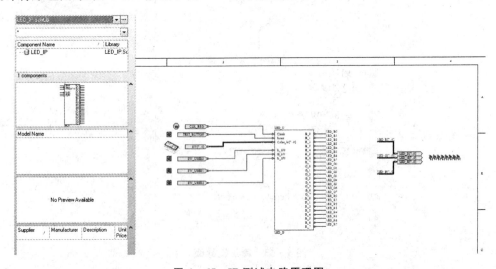

图 4-65 IP 测试电路原理图

第 4 章　FPGA 工程的系统验证与 IP 封装方法

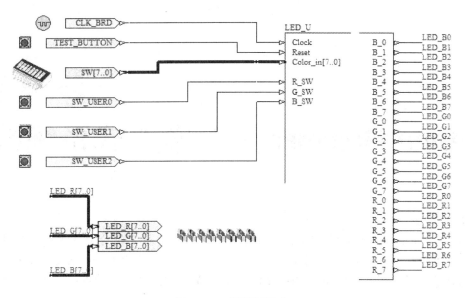

图 4-66　原理图细节

为 LED_TEST.PrjFpg 工程添加 NB3000XN.05.Contraint 约束。保存工程后执行 4.5 节的下载步骤，此时平台工作的状态和 4.5 节、4.6 节所介绍的结果相同。

第 5 章
Altium Designer 片上嵌入式系统设计

概　要：

本章主要介绍了如何使用 Altium 创新电子设计平台进行 8 位片上嵌入式系统设计。包括在 Altium Designer 中建立 FPGA 工程；创建嵌入式工程和 C 源文件；设置处理器参数和编译条件；如何通过 Altium Designer 中的图形化设计流程完成对工程的编译以及 FPGA 配置。

本章将通过一个简单的例子来介绍如何采用 Altium Designer 进行 8 位片上嵌入式系统的设计，创建一个包含单一原理图文件的 FPGA 工程，以及一个包含单一 C 源文件的嵌入式工程。该 FPGA 设计以及相关嵌入式软件将被下载到 Altium NanoBoard3000 平台上的 Xilinx Spartan 系列 FPGA XC3S1400AN 上运行。该设计实现 Altium NanoBoard3000 平台上 8 颗彩色 LED 的全彩显示控制。该设计下载到 NanoBoard3000 目标板的 FPGA 芯片后，平台上的 8 颗 LED 将产生渐变的色彩。

5.1　8 位处理器 TSK51 内核

Altium Limited 推出的 Altium Designer 软件集成了一种独立于芯片原厂商之外的嵌入式系统设计工具解决方案。它允许设计者利用现有的板级设计方法在 FPGA 平台上开发完整的基于微处理器的数字系统。Altium Designer 集成了板级硬件设计、HDL 语言设计、基于 ISO C/C++ 和汇编语言的嵌入式系统软件的设计和调试功能，并且拥有丰富的针对 PLD 可编程逻辑器件进行预综合和优化的 IP 逻辑器件库、虚拟仪器库，同时支持资源丰富的具备可重配置功能的 NanoBoard3000 硬件开发平台的下载和板级调试，真正实现交互式的嵌入式系统设计。

Altium Designer 支持 8 位到 32 位的多种预综合、预优化的微处理器内核，其中包括 8 位的 8051、8052、Z80、PIC 165x 内核，32 位的 RSIC 内核 TSK3000、NIOSII 和 MicroBlaze。Altium Designer 同时支持 Xilinx 公司推出 Vertex II Pro 片上内核 PPC 405 的嵌入式软件设计。

5.1.1　TSK51 系列微处理器

TSK51 是一款基于 ASM51 指令集并且兼容 80C31 的 8 位微处理器内核。TSK51 除了提供了硬件中断、串行通信及定时器等辅助端口外,其内部程序存储器的大小是可以直接由软件控制的,并且开放了 SFR 特殊功能寄存器的用户自定义功能。

TSK51 处理器核具有以下特性:
- 控制单元;
  - 8 位指令译码器;
- 算术逻辑单元;
  - 支持 8 位算术运算;
  - 支持 8 位逻辑运算;
  - 支持 Boolean 运算;
  - 支持 8 位乘法运算;
  - 支持 8 位除法运算;
- 提供两个 16 位定时器/计数器;
- 32 位通用 I/O 输入/输出端口;
  - 4 组 8 位输入/输出端口(P0、P1、P2、P3);
- 全双工串行接口;
  - 固定传输率的同步通信模式;
  - 可变传输率的 8 位异步通信模式;
  - 固定传输率的 9 位异步通信模式;
  - 可变传输率的 9 位异步通信模式;
  - 多处理器内核通信;
- 中断控制器;
  - 2 个外部中断(INT0、INT1);
  - 5 级内部中断源(ES、ET1、EX1、ET0、EX0);
- 内存管理;
  - 最大支持 64KB 程序存储空间;
  - 最大支持 256 字节数据存储空间;
- 外部存储地址管理;
  - 最大支持 64KB 外部程序寻址空间;
  - 最大支持 64KB 外部数据寻址空间;
- 特殊功能寄存器;
  - 最大支持 107 个用户自定义特殊功能寄存器。

5.1.2　TSK51x 引脚定义

TSK51 微处理器内核的所有端口定义均为单向输入/输出口,便于用户在复杂系统设计时应用。TSK51x 的器件原理图如图 5-1 所示，其引脚定义说明如表 5-1 所列。

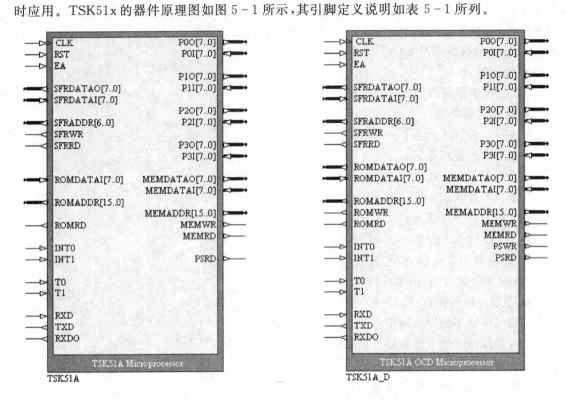

图 5-1　TSK51x 器件原理图

表 5-1　TSK51x 引脚定义说明

引脚名称	方　向	极性和位宽	描　述
控制信号端口			
CLK	输入	上升沿	系统时钟输入
RST	输入	高电平	复位控制端，高电平保持两个时钟周期，产生复位信号
EA	输入	高电平	外围通道使能；高电平(注：使能调用外部存储器中程序代码)
外部特殊功能寄存器端口			
SFRDATAO	输出	8	SFR 数据总线输出
SFRDATAI	输入	8	SFR 数据总线输入
SFRADDR	输出	7	SFR 地址总线
SFRWR	输出	高电平	SFR 特殊功能寄存器写信号
SFRRD	输出	高电平	SFR 特殊功能寄存器读信号

第5章 Altium Designer 片上嵌入式系统设计

续表 5-1

引脚名称	方 向	极性和位宽	描 述
内部程序存储器端口			
ROMDATAI	输入	8	内存数据总线
ROMDATAO	输出	8	内存地址总线
ROMADDR	输出	16	内存地址总线
ROMWR	输出	高电平	内存数据写信号
ROMRD	输出	高电平	内存数据读信号
中断端口			
INT0	输入	高电平	外部中断 0
INT1	输入	高电平	外部中断 1
定时器端口			
T0	输入	高电平	定时器 0 输入
T1	输入	高电平	定时器 1 输入
串行接口			
RXD	输入	—	串行端口 0 输入（接收端）
TXD	输出	—	串行端口 0 输出（传输端）
RXD0	输出	—	串行端口 0 输出（传输模式 0）
I/O 端口			
P0O	输出	8	端口 0 分离的 8 位单向输入/输出
P0I	输入	8	
P1O	输出	8	端口 1 分离的 8 位单向输入/输出
P1I	输入	8	
P2O	输出	8	端口 2 分离的 8 位单向输入/输出
P2I	输入	8	
P3O	输出	8	端口 3 分离的 8 位单向输入/输出
P3I	输入	8	
外部存储器端口			
MEMDATAO	输出	8	外部存储器数据总线输出
MEMDATAI	输入	8	外部存储器数据总线输入
MEMADDR	输出	16	外部存储器地址总线
MEMWR	输出	高电平	外部存储器数据总线输出写信号
MEMRD	输出	高电平	外部存储器数据总线输出读信号
PSWR	输出	高电平	外部存储器数据写信号（只适用于 TSK51A_D）
PSRD	输出	高电平	外部存储器数据读信号

5.1.3 TSK51x 存储器管理

TSK51x 的存储器可分为独立的 3 个部分：
- 程序存储器（内部 ROM 或外部 ROM，由 EA 引脚信号电平控制）；
- 外部数据存储器（片外 RAM）；
- 内部数据存储器（片内 RAM）。

1. TSK51x 程序存储器管理

TSK51x 最大能够寻址 64KB 的程序存储器，可以采用内部 ROM、外部 ROM 或者两者相结合实现。

复位后，CPU 将从 0000H 地址开始执行程序。TSK51x 程序存储空间如图 5-2 所示。

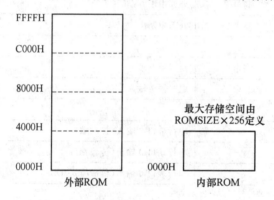

图 5-2 TSK51x 程序存储空间

内部程序存储空间的最大寻址范围为 64KB，但实际的存储空间由寄存器 ROMSIZE 的值定义：

$$内部程序存储器大小 = ROMSIZE \times 256$$

因此，内部程序存储器的大小是可以直接由软件控制的。在默认情况下，CPU 复位后，ROMSIZE 寄存器的值为 10H，这时内部程序存储空间被定为 4KB。要扩展或者缩小内部程序存储空间的大小，只要在软件设计时简单地把 ROMSIZE 寄存器设定为所需数值即可。

程序代码可以从外部或者内部程序存储器中读取，改变 EA 引脚的电平即可以在两者之间切换。值得关注的是，EA 可以在处理器运行的任何时候进行电平切换，使得软件开发者对存储空间的使用和控制更加灵活。

当 EA 被拉高时，所有的程序代码将会从外部存储器中读取。当 EA 被拉低时，位于地址空间最低 ROMSIZE×256 字节的程序代码将会从内部存储器读取。当超出内部存储空间地址时，CPU 将会自动从外部存储空间中读取程序代码。但由于程序计数器不会被复位，因此代码将会从下一存储地址处读取，但该读取地址不能超出外部存储器空间。

当 ROMSIZE 寄存器的值为 00H 时，无论 EA 是否为低电平，CPU 默认将会自动从外部程序存储器中进行代码的读取。

程序存储器的较低地址部分包含中断和复位向量,中断向量地址从 0003H 的外部中断 0 入口地址开始,相连两个中断向量地址之间相隔 8 个字节的地址间隔,总共包含 5 个中断向量,如表 5-2 所列。当程序中不使用到中断功能时,中断向量地址空间也可以当作普通程序代码空间使用。

表 5-2　中断向量地址表

中断向量地址	描　　述
0003H	外部中断 0 入口地址
000BH	定时器 0 溢出入口地址
0013H	外部中断 1 入口地址
001BH	定时器 1 溢出入口地址
0023H	串行中断入口地址

当采用内部程序存储器时,需要在设计中另外放置 1 个独立于处理器核心的存储器模块。当使用标准版本的处理器核心(TSK51A)进行设计时,需要在设计中放置 1 个 ROM 模块,ROM 的大小取决于设计的要求。而使用 OCD 版本的处理器核心(TSK51A_D)时,由于该版本核心允许把数据写入程序存储器空间,因此需要在设计中放置一个 RAM 模块,如图 5-3 所示。

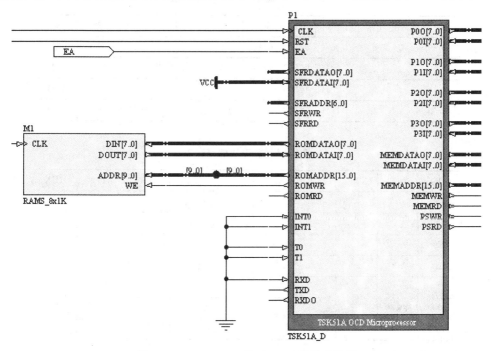

图 5-3　TSK51A_D 外部 RAM 模块连接图

注意：RAM 和 ROM 模块均可以在 FPGA 存储器集成库(\Library\Fpga\FPGA Memories.IntLib)中找到。

2. TSK51x 数据存储器管理

TSK51 采用著名的哈佛结构，拥有独立的程序及数据存储区。从外部存储器中调用程序代码，PSRD 引脚将会输出高电平；从外部存储器中输入或向外部存储器输出数据时 MEMRD/MEMWR 引脚将会相应地输出高电平。

片外数据存储器可以通过 16 位数据指针寄存器 DPRT 直接调用，也可以利用寄存器 R0/R1 以及外部数据页存取寄存器 XP 对其进行访问。

TSK51x 拥有 256 个字节大小的内部数据存储空间，该存储空间是不能被扩展的，因此内部数据存储接口是不对用户开放的。

内部 256 字节的存储器空间（从 00H 到 FFH）可以采用直接或者间接寻址的方式进行访问，其中高 128 个字节用于特殊功能寄存器(SFR)，低 128 个字节用于通用工作寄存器及用户自定义位寻址操作。

从 00H 到 1FH 分为 4 组从 R0 到 R7 通用工作寄存器，共占有 32 个字节。可以通过程序状态字 PSW 中 RS1、RS0 的设置，每组寄存器均可选作 CPU 的当前工作寄存器组，如表 5-3 所列。从 20H 到 2FH 总共 16 个字节为用户自定义位寻址空间，位寻址地址范围从 00H 到 7FH。

表 5-3 通用工作寄存器分组

组	RS1	RS0	R0	R1	R2	R3	R4	R5	R6	R7
0	0	0	00H	01H	02H	03H	04H	05H	06H	07H
1	0	1	08H	09H	0AH	0BH	0CH	0DH	0EH	0FH
2	1	0	10H	11H	12H	13H	14H	15H	16H	17H
3	1	1	18H	19H	1AH	1BH	1CH	1DH	1EH	1FH

表 5-4 特殊功能寄存器

HEX	X000	X001	X010	X011	X100	X101	X110	X111	HEX
F8									FF
F0	B								F7
E8									EF
E0	ACC								E7
D8									DF
D0	PSW								D7
C8									CF

续表 5-4

HEX	X000	X001	X010	X011	X100	X101	X110	X111	HEX
C0									C7
B8	IP								BF
B0	P3								B7
A8	IE								AF
A0	P2								A7
98	SCON	SBUF						XP	9F
90	P1								97
88	TCON	TMOD	TL0	TL1	TH0	TH1		ROMSIZE	8F
80	P0	SP	DPL	DPH				PCON	87

表 5-4 列出了 TSK51 内部的特殊功能寄存器所对应的内部存储器地址,其中包含了并行 IO 口寄存器 P0～P3。由于 TSK51x 的 IO 口采用独立的输入和输出结构,当对 IO 进行写操作时,数据将会写入特殊功能寄存器 P0～P3,写入的数据将体现在输出端口 PnO 上;当对 TSK51x 的 IO 进行读操作时,程序将会读取 PnO 端口上的电平值,当需要把写入 IO 的数据进行回读时,只需要把 PnI 端口和 PnO 端口进行连接。

XP 寄存器为外部数据存储器分页寄存器。片外数据存储器利用 256 页每页 256 字节的分页模式,最大可实现 64KB 的片外寻址。可以使用指令 MOVX@Ri 的对外部数据存储器进行访问。当执行 MOVX @Ri 指令时,XP 寄存器的内容将被加载到外部存储器地址总线(MEMADDR)的高 8 位上。XP 寄存器用于实现分页,可以把外部数据存储器分成最多达 256 页的访问地址空间,每页可包含多达 256 个字节的数据存储空间。因此,最大的可寻址数据空间为 64KB。

值得注意的是,和通用的 80C31 处理器核不同,TSK51A_D 设计了一个片内存储器大小设定寄存器——ROMSIZE(8FH)。用户利用片内存储器大小设定寄存器可以自定义片内只读存储器的大小为 ROMSIZE×256 字节。其中 ROMSIZE 的取值范围从 00H 到 FFH,最大设定为 64KB。系统上电复位时,ROMSIZE 的缺省值为 10H。

5.2 基于 TSK51 的嵌入式软件开发环境

5.2.1 嵌入式软件编译环境

在 Altium Designer 中使用 TASKING 嵌入式软件工具能够为多种目标处理器进行应用

程序的编写、编译、汇编和连接。例如 TSK51x / TSK52x,TSK80x,TSK165x,PowerPC,TSK3000,MicroBlaze,Nios II 和 ARM。图 5-4 展示了 TASKING 工具集中包含的所有组件及各组件所对应的输入输出文件。

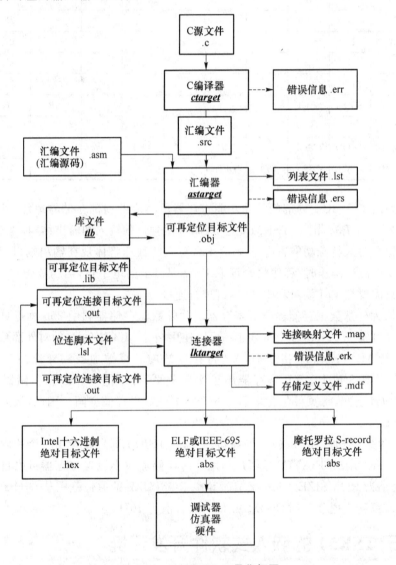

图 5-4 TASKING 工具集框图

C 编译器、汇编器、连接器和调试器是和目标相关的,而库文件则是独立于目标的。图 5-4 中加横线部分的字体是各个工具的可执行名称,Altium Designer 中用一个支持目标的名称代替工具执行名称中的 target。例如,cppc 是 PowerPC C 编译器,c3000 是 TSK3000 C 编译器,

as165x 是 TSK165x 汇编器等。表 5-5 列举了 TASKING 工具集所使用的文件类型。

表 5-5　TASKING 工具集所使用的文件类型

扩展名	描述
源文件	
.c	C 源文件，用于 C 编译器输入
.c++	C++源文件，用于 C++对象语言编译器输入
.asm	汇编器源文件，汇编源码
.lsl	连接脚本文件
生成源文件	
.src	汇编器源文件，由 C 编译器产生，不包含宏指令
目标文件	
.obj	可再定位的对象文件，由汇编器产生
.lib	目标文件的存档文件
.out	可再定位的连接器输出文件
.abs	IEEE-695 绝对目标文件，由连接器的定位部分产生
.hex	绝对 Intel 十六进制目标文件
.sre	绝对 Motorala S-record 目标文件
列表文件	
.lst	汇编器列表文件
.map	连接器映射文件
.mcr	MISRA-C 报告文件
.mdf	存储器定义文件
错误列表文件	
.err	编译器错误信息文件
.ers	汇编器错误信息文件
.elk	连接器错误信息文件

5.2.2　创建一个嵌入式工程

使用 Altium Designer 进行嵌入式软件开发，首先需要创建一个嵌入式工程，以便管理工程的中的源文件以及工程构建过程中所产生的输出文件。相对于 FPGA 工程，嵌入式软件的开发必须有一个嵌入式软件工程。

嵌入式软件工程的创建步骤如下：

(1) 从菜单栏中选择 File→New→Project→Embedded Project 命令，或者在 Files 面板的

New 选项中单击 Blank Project(Embedded)命令。这时在 Project 面板上显示一个新的工程文件 Embedded_Project1.PrjEmb,如图 5-5 所示。如果没有显示 Files 面板,单击菜单栏中 View→Workspace Panels→System→Files 命令。

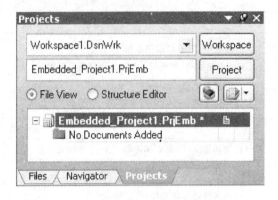

图 5-5 新建嵌入式项目

（2）选择菜单栏中的 File→Save Project As 命令保存新建的工程,把工程文件命名为（使用.PrjEmb 后缀）MyFirst.PrjEmb,如图 5-6 所示。

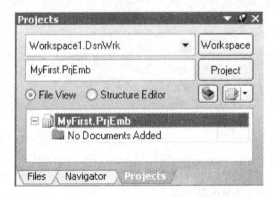

图 5-6 另存嵌入式项目

（3）在 Projects 面板中,右击 MyFirst.PrjEmb,然后选择 Add New to Project→C File 命令。工程中添加了一个新的 C 源文件 C_Source1.c,并且可以在所打开的文本编辑器中对该 C 源文件进行编辑。

注意：若要添加其它类型的文件,则选择弹出菜单 Add New to Project 中的其它选项,如 Assembly File 代表汇编文件,Text Document 代表文本文件。

（4）在文本编辑器中输入源代码,本示例所用的源代码如下：

```
#include <stdio.h>
void printloop(void)
```

```
{
    int loop;
    for(loop = 0;loop < 10;loop + +)
    {
        printf(" % i\n" , loop);
    }
}
void main(void)
{
    printf("Hello World! \n");
    printloop( );
}
```

(5) 选择 File→Save As 命令保存源文件,把文件名重命名为 hello: c。在 Projects 面板中右击工程名然后选择 Save Project 命令保存工程。完成后如图 5 - 7 所示。

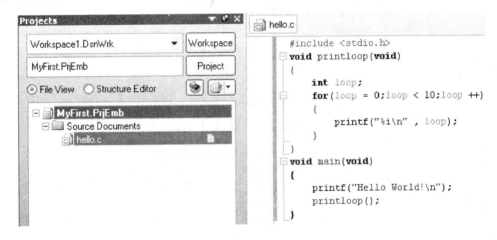

图 5 - 7 完成后的嵌入式工程

注意:要添加一个已有的源文件到工程中,在 Projects 面板上右击工程名称,然后单击 Add Existing to Project 命令,在弹出对话框中选择需要添加的文件到工程中。

5.2.3 设置嵌入式工程选项

嵌入式工程建立以及应用程序的编写完成后,接下来要对工程的嵌入式环境参数选项进行设置,需要完成以下设置:

(1) 选择器件,为嵌入式环境选择和器件相关联的工具集。

(2) 设置工具集中各个工具的选项,如 C 编译器、汇编器和连接器(不同的工具集可能会有不同的选项)。

对于一个嵌入式工程,用户必须首先要指定和嵌入式工程相关联的器件:

(1) 在 Projects 面板中,右击工程名称,然后选择 Project Option 命令,或者选择菜单中 Project→Project Option 命令。弹出的嵌入式环境参数选项对话框如图 5-8 所示。

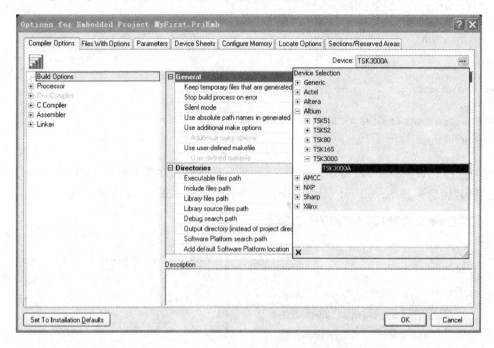

图 5-8 嵌入式环境参数选项对话框

注意:要为单文件进行设置,在 Projects 面板中右击需要设置的源文件(如 hello.c),然后单击 Document Options 命令打开选项对话框。

(2) 在 Compiler Option 选项卡中选择 Device,在 Device Selection 下拉列表中选择相应的处理器类型,如本示例中选择 TSK3000A 处理器。

(3) 在 Compiler Option 选项卡中,可以选择相应的工具目录进行所需要选项参数的设置。

(4) 选择完成后,单击 OK 按钮应用新的设置。Altium Designer 依据嵌入式工程选项,创建嵌入式工程构建所需的 makefile 文件。

注意:在每个工具的 Miscellaneous 页面,Command line options 显示了用户的设置是如何转换成命令行选项的。

5.2.4 构建嵌入式应用

(1) 选择 Project→Compile Embedded Project MyFirst.PrjEmb 或者单击工具栏中的按钮对工程进行编译。TASKING 程序构建器编译、汇编、连接和定位嵌入式工程中过期或者上次构建后被修改过的文件,输出文件是 IEEE-695 格式绝对目标文件 MyFirst.abs。

(2) 可以在 Output 面板中查看构建输出的结果(View→Workspace Pannels→System→Output),如图 5-9 所示。

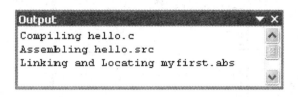

图 5-9　查看构建输出结果

右击所要编译的源文件 hello.c,然后单击 Compile Document hello.c 命令可以对单个源文件进行编译。选择菜单中 View→Workspace Pannels→System→Messages 或者在 Pannels 标签中单击 System→Messages 命令打开信息面板来查看编译过程中可能出现的错误。

如果用户想直接重新构建整个嵌入式应用,可选择 Project→Recompile Embedded Project MyFirst.PrjEmb 命令,TASKING 程序构建器将无条件地重新编译、汇编、连接和定位嵌入式工程中的所有文件。

5.2.5　调试嵌入式应用

完成嵌入式程序构建后,用户就可以使用仿真器来调试构建产生的绝对目标文件。在开始进入 C 源代码调试之前,程序必须首先执行一条或者多条指令对硬件进行初始化,然后才跳转到 main 函数中执行 C 源代码。

单击源码级或指令级步骤命令(Debug→Step Into,Step Over)来单步执行用户的源程序,或者单击 Debug→Run 命令运行仿真器。程序行中的蓝线指示当前执行到的位置。要结束当前调试:单击 Debug→Stop Debugging 命令。

想要查看更多例如寄存器、局部变量、存储器或者断点的信息,可以打开不同的工作面板:单击 View→Workspace Pannels→Embedded→任意一个命令。

在进行程序调试的过程中,打开嵌入式源文件后,可在有小蓝点指示的地方设置断点:单击源程序页面左边的空白处或者右击该代码行选择 Toggle Breakpoint 可以取消或者设置断点,设置断点的代码行左边会出现红色的交叉,并且在该代码行处会出红线标记。

如果想要改变断点属性,右击断点然后单击 Breakpoint Properties 命令。

禁止或者允许断点:右击断点后单击 Disable Breakpoint 命令(或者 Enable Breakpoint 命令)。被禁止的断点是用绿色进行标记的。

选择 View→Workspace Pannels→Embedded→Breakpoints 命令打开断点面板,可以查看所有断点(包括被禁止的)及其属性。

在调试模式下,打开 Output 面板可以查看嵌入式应用产生的输出:单击 View→Workspace Pannels→System→Output 命令。输出面板显示了嵌入式应用的输出,如图 5-10 所示。

图 5-10　嵌入式应用的使出

在调试模式下,可以打开存储器窗口查看存储器的内容,能打开的存储器窗口的类型由所选择的目标处理器决定。

打开主存储窗口:

(1) 单击 View→Workspace Pannels→Embedded→Main 命令打开主存储器窗口,显示存储器中的内容,如图 5-11 所示。

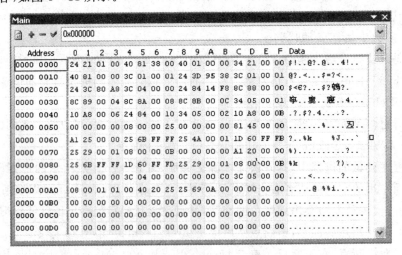

图 5-11　查看主存储窗口

(2) 在编辑区域,可以修改所查看的存储地址内容。

5.3 Altium Designer 8 位嵌入式 FPGA 系统设计流程

5.3.1 Altium Designer 图形化设计流程控制

1. 创建一个 FPGA 工程

8 位嵌入式 FPGA 系统的设计，首先仍然需要创建一个 FPGA 工程，工程的创建步骤如下：

(1) 新建一个 FPGA 工程：File→New→Project→FPGA Project。

(2) 保存工程：鼠标右键单击 Projects 面板中新建的工程名（FPGA_Project1.PrjFpg），选择 Save Project 命令。将工程重命名为 FPGA_8bit_Processor.PrjFpg，保存到名为 FPGA_8BIT_PROCESSOR 的新建文件夹中。

(3) 选择菜单 File→New→Schematic 为 FPGA 工程添加一个原理图。将原理图命名为 Sheet1.SchDoc，保存到工程所在文件夹中（FPGA_8BIT_PROCESSOR 文件夹）。

(4) 如图 5-12 所示，在原理图上放置如表 5-6 所列的元件。

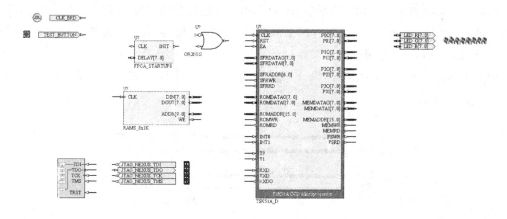

图 5-12 TSK51A_D LED 驱动原理图中元件的放置

表 5-6 TSK51A_D LED 驱动电路原理图中所用元件列表

元件名称	FPGA 集成库文件
TSK51A_D（the processor）	FPGA Legacy Processors.IntLib
RAMS_8x1K	FPGA Memories.IntLib
CLOCK_BOARD，TEST_BUTTON，LEDS_RGB，NEXUS_JTAG_CONNECTOR	FPGA NB3000 Port-Plugin.IntLib
NEXUS_JTAG_PORT，OR2N1S，FPGA_STARTUP8	FPGA Generic.IntLib

(5) 对原理图中的元件进行初步连线,完成后如图 5-13 所示。

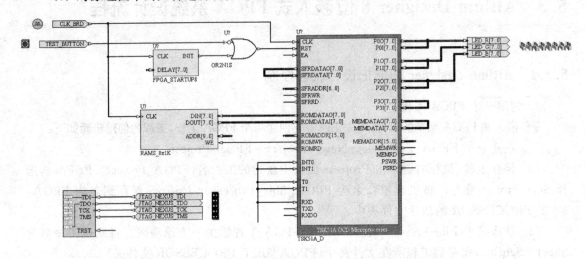

图 5-13　TSK51A_D LED 驱动原理图元件的初步连线

(6) 添加总线连接器。由于 TSK51A_D 的 ROM 地址总线宽度为 16 位,而外部 RAM 模块的地址总线宽度为 10 位,因此对这两个总线接口进行连接,需要进行总线连接位置的映射。在 Altium Designer 中,使用总线连接器进行总线接口的映射连接。如图 5-14 所示,总线连接器中间小圆点左右两边的位宽标识分别代表连接到 RAM 模块和 TSK51A_D 的 ROM 地址接口的总线位置。

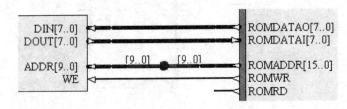

图 5-14　总线连接器

(7) 为原理图添加电源和地,完成原理图的设计,如图 5-15 所示。注意 U3 中的 DELAY[7..0]总线接口,需要使用电源总线进行连接。

2. 创建一个嵌入式工程

接下来,需要创建一个嵌入式工程对 TSK51x 处理器的应用程序进行编写,把嵌入式工程名称命名为 Embedded_Project.PrjEmb。建立 C 源文件 C_Source1.c 并添加到工程中,编写程序代码对 NanoBoard3000 目标板上的 8 位 LED 进行驱动。C_Source1.c 的 C 源代码如下:

第 5 章 Altium Designer 片上嵌入式系统设计

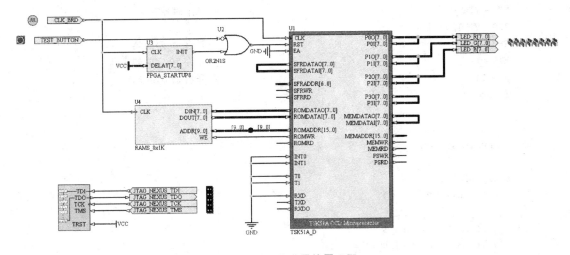

图 5-15 完成后的原理图

```
static unsigned char vR[8] = \
{128,128,128,128,128,128,128};                //红色显示亮度值
static unsigned char vG[8] = \
{0,0,0,0,128,128,128,128};                     //绿色显示亮度值
static unsigned char vB[8] = \
{128,128,128,128,0,0,0,0};                     //蓝色显示亮度值
static unsigned char rR[8];                    //红色亮度值寄存
static unsigned char rG[8];                    //绿色亮度值寄存
static unsigned char rB[8];                    //蓝色亮度值寄存
static char cR[8] = {1,1,1,1,-1,-1,-1,-1};     //红色初始增减方向
static char cG[8] = {1,1,1,1,1,1,1,1};         //绿色初始增减方向
static char cB[8] = {-1,-1,-1,-1,1,1,1,1};     //蓝色初始增减方向
static unsigned char tflag;

#define SYS_CLK 100000000UL                    //系统时钟 100 MHz
#define REFRESH_RATE 80UL                      //刷新频率,可修改
#define GRAY_LEVEL 256UL                       //灰度级数,固定值
#define K (REFRESH_RATE * GRAY_LEVEL * 12)
#define V_CORRECT 37                           //计数修正值,用于修正刷新率
#define VTIMER0 (65536 - SYS_CLK / K + V_CORRECT)   //Timer0 计数初值
#define VTH0 (VTIMER0 / 256)
#define VTL0 (VTIMER0 & 0x00FF)

void timer0_init(void)
{
    TMOD = 0x1;                                //T0,工作方式 1
```

```c
    TH0 = VTH0;                              //赋定时器初值
    TL0 = VTL0;
    TR0 = 1;                                 //开启 T0 定时器
    ET0 = 1;                                 //允许 T0 定时器中断
    EA = 1;                                  //开启总中断允许
    return;
}

void light_leds(void)
{
    unsigned char i;
    for(i = 0;i < 8;i + +)
    {
        if(vR[i] == 0)cR[i] = 1;
        if(vR[i] == 255)cR[i] = -1;
        vR[i] += cR[i];

        if(vG[i] == 0)cG[i] = 1;
        if(vG[i] == 255)cG[i] = -1;
        vG[i] += cG[i];

        if(vB[i] == 0)cB[i] = 1;
        if(vB[i] == 255)cB[i] = -1;
        vB[i] += cB[i];
    }
    return;
}
//Timer0 中断服务程序
void __interrupt(0x000B) timer0_interrupt(void)
{
    static unsigned char vcnt = 0;
    unsigned char i, bx;
    TH0 = VTH0;
    TL0 = VTL0;
    if(vcnt == 0)
    {
        bx = 0x01;
        for(i = 0;i < 8;i + +)
        {
            rR[i] = vR[i];
            rG[i] = vG[i];
            rB[i] = vB[i];
```

```
            if(rR[i] != 0x00)P0 |= bx;
            if(rG[i] != 0x00)P1 |= bx;
            if(rB[i] != 0x00)P2 |= bx;
            bx <<= 1;
        }
        tflag = 0xff;
    }
    bx = 0x01;
    for(i = 0;i < 8;i++)
    {
     if(rR[i] == vcnt)P0 &= (~bx);
     if(rG[i] == vcnt)P1 &= (~bx);
     if(rB[i] == vcnt)P2 &= (~bx);
     bx <<= 1;
    }
    vcnt++;
    return;
}

void main(void)
{
    tflag = 0;
    timer0_init();

    while(1)
    {
        if(tflag != 0)
        {
         tflag = 0;
         light_leds();
        }
    }
    return;
}
```

程序采用定时器 0 中断的方式产生 PWM 脉宽调制信号驱动 LED，使目标板上的 LED 产生全彩显示的效果。在主循环内，调用 light_leds 改变 8 个 LED 的显示色彩，使 LED 产生色彩渐变的显示效果。

在 TSK51A 嵌入式工程开发环境中，采用 C 语言进行应用程序的开发，中断服务程序采用以下的方式进行定义：

```
void __interrupt(vector_address[, vector_address]...) isrname( void )
{
```

//在这里添加中断服务程序代码
}

其中__interrupt()为中断函数定义的函数类型限定词,isrnane()为用户自定义的中断服务程序的名称。限定词__interrupt()可以有一个或者多个向量地址参数,所有指定的向量地址将被初始化指向该中断服务程序。

定时器 0 在程序 timer0_init 中被初始化,并且开启定时器 0 中断以及总中断允许。定时器 0 的中断向量地址为 0x000B,因此其中断服务子程序的定义格式如下:

void __interrupt(0x000B) timer0_interrupt(void)
{
//定时器 0 中断服务程序代码
}

注意:有关 TSK51x 定时器的相关介绍,请参阅文档 CR0115 TSK51x MCU.pdf;有关中断服务函数定义的更多介绍,请参阅文档 TR0105 TSK51x TSK52x Embedded Tools Reference.pdf。

3. 嵌入式工程设置选项

在对嵌入式工程进行编译、汇编、连接之前,首先需要对该工程进行相关的设置:

(1)打开嵌入式工程选项对话框,在右上角 Device 选项,选择 Generic→TASKING 8051,如图 5 – 16 所示。

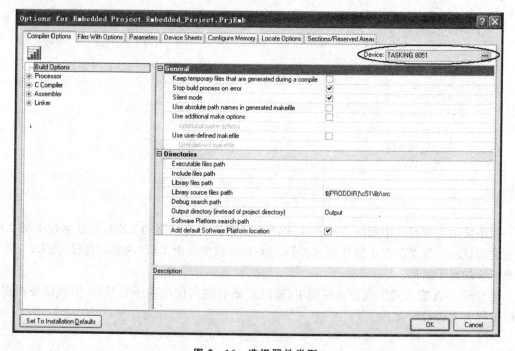

图 5 – 16　选择器件类型

(2) 为嵌入式工程添加启动代码（如图 5-17 所示）：选择选项 Generate and use startup code <project>_cstart.c。该启动代码将在用户应用程序 C_Source1.c 之前执行，对 TSK51x 的寄存器以及外围硬件进行初始化。

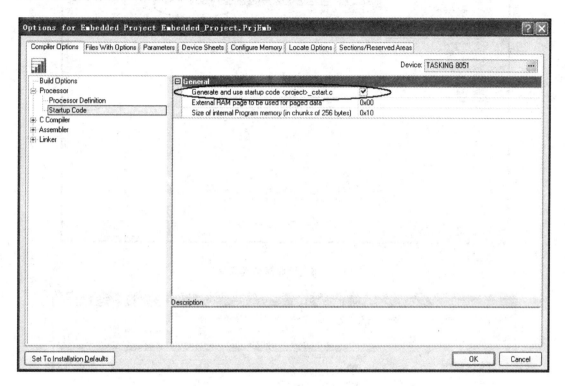

图 5-17 嵌入式工程添加启动代码

(3) 对存储器样式进行设置（如图 5-18 所示）：在 C Compiler 目录下选择 Memory Model 选项；设置选项 Select a compile memory model 为 Small：variables in DATA；确定选项 Allow reentrant functions 没有被勾选，禁止函数的重入。

(4) 代码生成选项设置（如图 5-19 所示）：选择 C Compile 目录下的 Code Generation 选项，勾选 Put strings in ROM only 选项，把代码中定义的字符串存储到 ROM 中以节省 RAM 空间。

(5) 单击确定，保存当前设置并关闭嵌入式工程选项对话框。

Altium Designer EDA 设计与实践

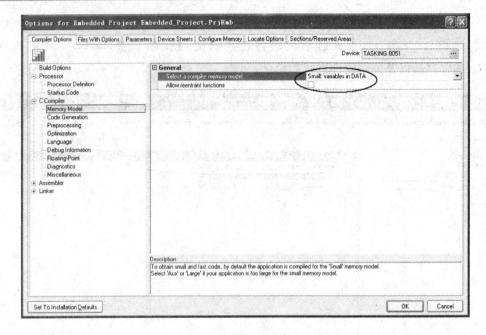

图 5-18 存储器样式选择

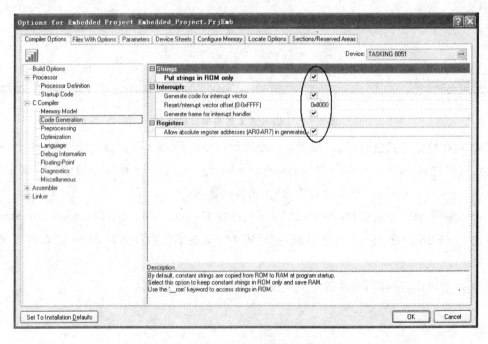

图 5-19 代码生成选项设置

第 5 章　Altium Designer 片上嵌入式系统设计

4. 处理器属性设置

当设计下载到 FPGA 芯片后,处理器需要知道用户程序运行所需要的存储器,以及用户程序所在的嵌入式工程,因此需要对处理器的属性进行设置,具体步骤如下：

(1) 返回到原理图 Sheet1.SchDoc。

(2) 双击 TSK51A_D 处理器(U1),打开元件属性对话框,如图 5-20 所示。

(3) 在处理器参数设置部分,在 ChildCore1 参数项填入 RAM 的元件标号值 U4。单击 OK 关闭对话框完成设置。

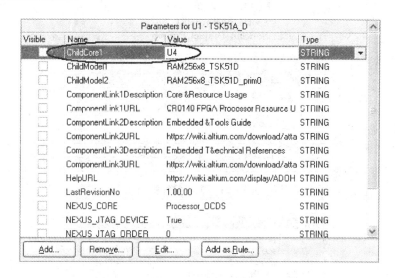

图 5-20　处理器属性选项设置

(4) 把嵌入式工程和处理器进行关联。首先对 FPGA 工程进行编译,在工程面板上单击 Structure Editor 单选按钮,出现工程结构视图,如图 5-21 所示。选中嵌入式软件工程 Embedded_Project.PrjEmb,单击工程图标并拖动到处理器元件(TSK51A_D)的图标上。这时嵌入式工程和处理器的连接关系建立完成,重新编译整个 FPGA 工程对工程整体进行重构,重构后的工程结构如图 5-22 所示。

(5) 保存所有文件:File→Save All。

5. 把设计配置到相应的 FPGA 器件

FPGA 设计需要下载到 FPGA 器件中运行,本例子中的 FPGA 项目针对 NanoBoard3000 目标板进行设计,因此需要在设计中加入 NanoBoard3000 的配置和约束文件来确定在该设计中所用到的 FPGA 器件型号,并指定该设计所使用的 FPGA 引脚分配方式。

(1) 创建一个新配置:右击 Projects 面板上的 FPGA 工程名称,选择 Configuration Manager,出现 FPGA 工程 FPGA_8bit_Processor.PrjFpg 的配置管理对话框。

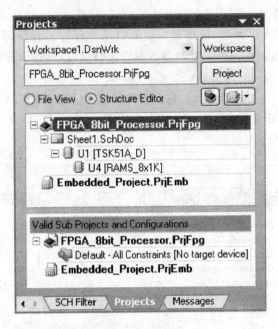

图 5-21 工程结构视图

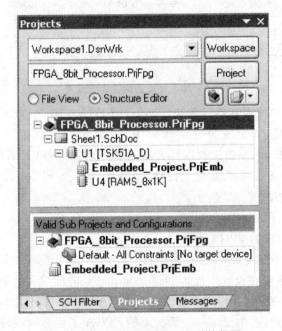

图 5-22 进行重构后的工程结构视图

(2) 单击 Configuration 部分的 Add 按钮,出现新建配置(New Configuration)对话框,填入配置名称,例如 demo,单击 OK 关闭对话框。

(3) 单击 Constraint Files 部分的 Add 按钮,出现选择约束文件对话框。选择\Library\Fpga\文件夹中的 NB3000XN.05.Constraint 文件并打开。

(4) 返回配置管理对话框,勾选复选框(如图 5-23 所示),然后单击确定关闭对话框。

(5) 约束文件出现在 Project 面板的 Setting\Constraints Files\子文件夹中。用户可以双击打开该约束文件,查看文件中的配置内容。

图 5-23 配置管理对话框

(6) 保存所有文件:Files→Save All。

6. 使用器件视图对 FPGA 进行编程

根据器件视图(使用菜单 View→Devices View 命令打开)所示的工作流程(从左到右),可以把用户所设计的程序下载到 FPGA 上运行。在该视图上,可以完成以下操作:

● 编译工程,同时查找设计中的错误;
● 综合工程,生成 EDIF 网表;
● 构建工程——转换 EDIF 文件;把设计映射到 FPGA 中;对 FPGA 进行布局和布线;运行时序分析,生成位文件;
● 把程序下载到 FPGA 中——把位文件下载到子板的 FPGA 器件中,例如 XC3S1400AN。

在器件视图仲,进行以下步骤可以把设计下载到 FPGA 中运行:

(1) 打开器件视图(图 5-24):View→Devices View。

(2) 把 NanoBoard3000 目标板连接到电脑上,并且打开电源开关,选中 Live 复选框,确定 Connected 指示灯变为绿色。

(3) 按步骤对器件视图中的工作流程进行操作:编译(Compile)→综合(Synthesize)→构建(Build)→程序下载(Program FPGA)。

(4) NanoBoard3000 目标板上的 8 颗 LED 将产生渐变的色彩显示。但是由于程序中定义时钟频率为 100 MHz,而系统的默认时钟频率为 50 MHz,降低了 LED 的刷新频率,因此会察觉到 LED 比较明显的闪烁。

Altium Designer EDA 设计与实践

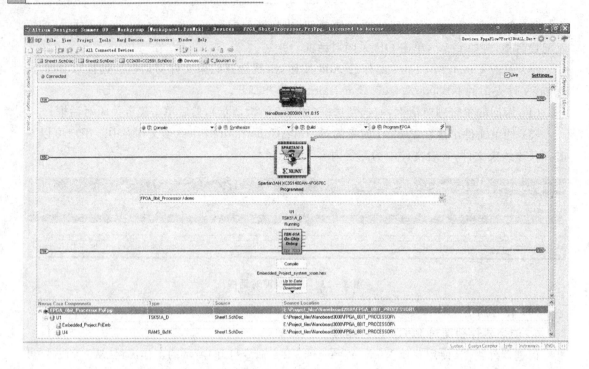

图 5-24 器件视图

7. 设置时钟频率

通过 Altium Designer 可以对 NanoBoard3000 目标板的时钟频率进行调节。

（1）双击器件视图上的 NanoBoard-3000XN 图标。出现 Instruments Rack-Nanoboard Controllers 面板，默认时钟频率为 50 MHz，如图 5-25 所示。

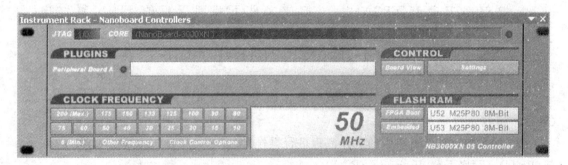

图 5-25 Instruments Rack – Nanoboard Controllers 面板

（2）选择程序中所定义的时钟频率 100 MHz，如图 5-26 所示。

（3）这时 LED 的闪烁现象消失，并观察到比较流畅的彩色渐变效果。

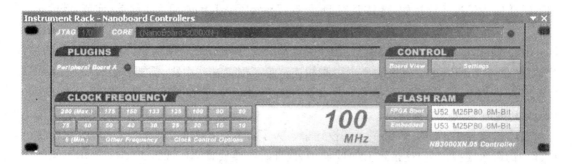

图 5-26　调整系统时钟为 100MHz

5.3.2　基于 Nexus 协议的 JTAG 软链

JTAG 技术是为了满足当今深度嵌入式系统调试需要而被 IEEE1149.1 标准所采纳，全称是标准测试访问接口与边界扫描结构（Standard Test Access Port and Boundary Scan Architecture）。JTAG 是面向用户的接口，一般由 4 个引脚组成：测试数据输入（TDI）、测试数据输出（TDO）、测试时钟（TCK）和测试模式选择引脚（TMS），有的还添加一个异步测试复位引脚（TRST）。自从 JTAG IEEE1149.1 标准出来后，越来越多的高端嵌入芯片生产商开始采用这个标准。但是 1149.1 标准只能提供一种静态的调试方法，如处理器的启动和停止、软件断点、单步执行、修改寄存器，而不能提供处理器实时运行时的信息。于是各个厂家在自己的芯片上，把原有的 JTAG 的基本功能进行了加强和扩展。由于这些增强的 JTAG 版本之间各有差异，而且即使同一厂家的不同产品之间也在存着不同。所以一些芯片厂商和调试工具开发公司于 1998 年成立了 Nexus 5001 论坛，提出一个在 JTAG 之上的嵌入式处理器调度的统一标准——Nexus 5001 标准。

Nexus 将调试开发分成四级，从第一级开始，每级的复杂度都在增加，并且上级功能覆盖下一级。第一级使用 JTAG 的简单静态调试；第二级支持编程跟踪和实时多任务的跟踪，并允许用户用 I/O 引脚作为多路复用辅助调试口；第三级包括处理器运行时的数据写入跟踪和存储器的读写跟踪；第四级增加了存储替换并触发复杂的硬件断点。从第二级开始，Nexus 规定了可变的辅助口。辅助口使用 3～16 个数据引脚，用来帮助其他仿真器和分析仪之类的辅助调试工具。

通过 Nexus 标准可以解决以下问题：
- 调试内部总线没有引出的处理器，如含有片内内存器的芯片；
- 传统在线仿真器无法实现的高速调试；
- 深度流水线和有片上 Cache 的芯片，能够探测具体哪条指令被取和最终执行；
- 可以稳定地进行多内核处理器的调试。

Altium Designer 软核环境与嵌入式处理器、FPGA 设计中的虚拟仪器间的通信，是通过

JTAG通信协议进行连接的,这涉及到Desktop NanoBoard上的JTAG软链(或节点链)。

JTAG软链信号(NEXUS_TMS,NEXUS_TCK,NEXUS_TDI和NEXUS_TDO)从Desktop NanoBoard's NanoTalk Controller(Xilinx Spartan-3)中引出。作为通信链的一部分,这些信号与FPGA子板上的4个引脚相连。为了配置这些引脚,需要在设计中添加NEXUS_JTAG_CONNECTOR连接器,如图5-27所示。该连接器可以从FPGA NB2DSK01 Port-Plugin集成库中找到。

这个连接器将JTAG软链引入到设计中。为了将所有相关的Nexus-enabled元件(指本设计中的两个虚拟仪器)连接到JTAG链中,设计者需要放置NEXUS_JTAG_PORT元件,如图5-28所示,然后将其直接连接到NEXUS_JTAG_CONNECTOR上。该接口器件可以从FPGA通用集成库中找到(\Library\Fpga\FPGA Generic.IntLib)。

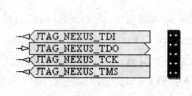
图5-27 Nexus JTAG 连接器

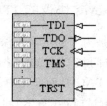
图5-28 Nexus JTAG 接口

Nexus 5001标准是所有基于该协议进行调试的器件与主机间的通信协议。参数NEXUS_JTAG_DEVICE设置为True的所有器件通过NEXUS_JTAG_PORT端口连接到软件JTAG链中。这些器件包括数字IO、频率计,以及其他适用于Nexus协议的器件,如支持调试的处理器、信号发生器、逻辑分析仪、交叉开关等,所有这些器件通过JTAG软链相连。

对原理图进行如下操作:

(1) 在原理图中放置NEXUS_JATAG_CONNECTOR元件和NEXUS_JTAG_PORT元件,并将两者相应端口连接在一起,如图5-29所示。

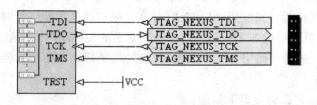
图5-29 将JTAG器件连到软核JTAG链中

(2) 放置VCC电源接口,使其与NEXUS_JTAG_PORT元件的TRST引脚相连。

(3) 放置虚拟频率计数器(有关虚拟仪器更详细的介绍请参考本书第7章)FREQCNT2(\Library\Fpga\FPGA Instruments.IntLib)到原理图中,把TIMEBASE引脚连接到系统时钟端,FREQA 连接到 TSK51 核的 P0O 输出端口的 D0 位。完成的原理图如图 5-30 所示。

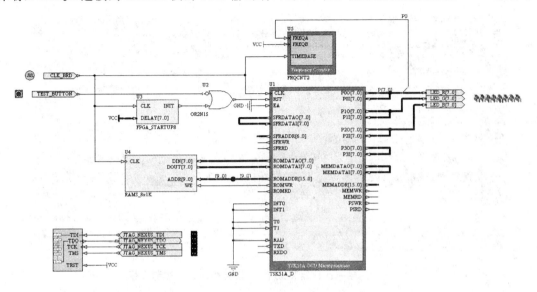

图 5-30 包括两个虚拟仪器的最终设计

(4) 保存原理图和父工程。
(5) 重新编译工程。

JTAG 软链不是一个物理链,不存在外部连接,当设计在目标 FPGA 芯片中执行时,支持 Nexus 协议的器件将自动在 FPGA 内部连接从而确定软件链。在 Devices 视图中可查看该软件链的构成。

(1) 打开 Devices 视图,对 FPGA 子板进行编程。
(2) 编程完毕后,在视图中自动弹出软件链,该软件链中包括了 TSK51A_D 片内调试器和我们所添加的频率计数器,如图 5-31 所示。

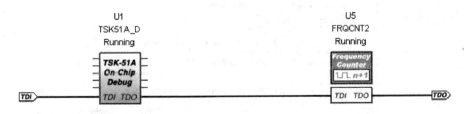

图 5-31 FPGA 编程完毕后在软器件链中显示虚拟仪器

(3) 把嵌入式软件程序下载到目标板上运行。
(4) 左键双击虚拟仪器的图标,打开相应虚拟仪器的控制面板 Instrument Rack-Soft Devices panel,该面板提供了与实际仪器相同的必要控制功能和显示界面。在 Instruments

Rack – Nanoboard Controllers 面板上修改时钟频率为 100 MHz,如图 5-32 所示。

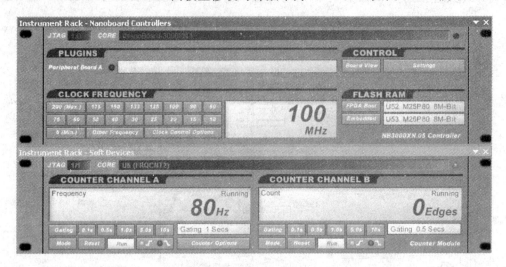

图 5-32 频率计数器和数字 IO 模型相对应的控制面板

（5）在频率计数器面板中,单击 Counter Options 按钮,在弹出的 Counter Module-Options 对话框中,将 Counter Time Base 选项中默认的 50.000 MHz 改成 100.000 MHz（使之与连到 TIMEBASE 输入端口的信号频率相一致）,如图 5-33 所示。关闭对话框,可以看到仪表面板中显示的频率是 80 Hz,达到程序的预期设计目标,如图 5-32 所示。

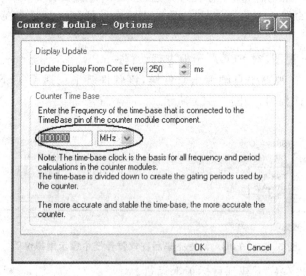

图 5-33 改变频率计数器的参考时钟频率

注意： 更多关于 JTAG 的信息请参阅文档 AR0130 PC to NanoBoard Communications。

5.3.3 嵌入式工程的在线调试

TSK51A_D 提供了一套额外的功能特性，以方便用户对微处理器进行实时的调试，通过 Altium Designer 的调试功能，用户可以对 TSK51A_D 微处理器进行以下操作：
- 控制处理器的复位、开始运行以及暂停运行操作；
- 实现单步或者多步调试功能；
- 对处理器寄存器（包括 SFRs 和 PC）进行读写访问；
- 对程序存储器和数据存储器进行读写访问；
- 无限制数量的软件断点设置；
- 在处理器进入调试模式之后，用户可以对外设时钟运行和停止进行指定。

1. 为标准内核添加调试功能

TSK51A_D 的调试功能由在线调试系统单元（On-Chip Debug System unit，OCDS）提供，图 5-34 显示了 TSK51A 内核和 OCDS 之间的简单连接框图。

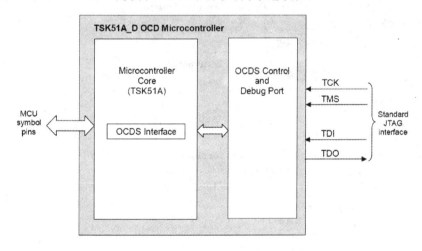

图 5-34 TSK51A_D 的简单结构图

包含 OCDS 单元的处理器内核嵌入到 FPGA 器件中，在 FPGA 的物理引脚上生成 IEEE 1194.1(JTAG)标准接口。计算机主机通过这个接口和目标内核进行连接，用户就可以使用 Altium Designer 对嵌入式工程进行在线调试。

2. 访问调试环境

在使用调试环境对微处理器进行嵌入式代码调试之前，首先需要确认该微处理器具有在线调试系统单元，并且该处理器硬件以及相关的嵌入式代码均被下载到目标物理 FPGA 器件内。

在器件视图上右击需要进行调试的目标处理器图标，然后在弹出菜单中选择 Debug 命令开始,如图 5-35 所示,目标处理器软件所在嵌入式工程将被重新编译、下载到目标 FPGA 器件,并且开始调试进程。这时,当前执行的代码指针将会指向 main() 函数中的第一条可执行的代码,如图 5-36 所示。

注意:可以在 Altium Designer 中同时启动多个调试进程——每个嵌入式软件工程和器件软链上相应的微控制器进行关联。

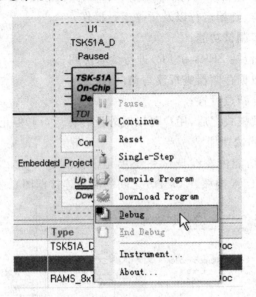

图 5-35　启动调试进程

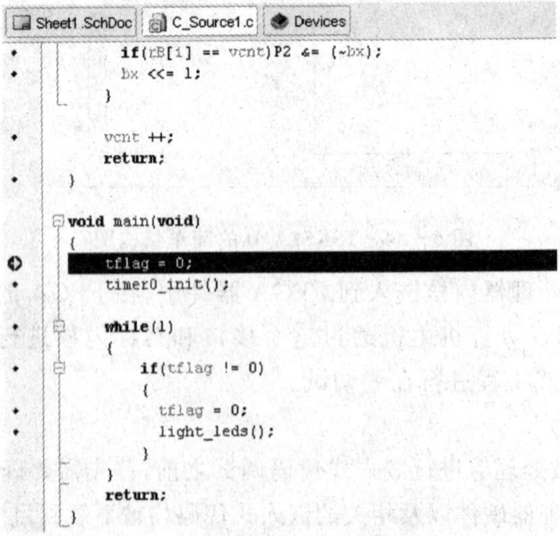

图 5-36　进入嵌入式代码调试阶段

第5章 Altium Designer 片上嵌入式系统设计

在 Altium Designer 中,用户可以使用调试环境中的调试工具对嵌入式代码进行高效率的调试。调试环境中的调试工具具有以下特性:
- 在代码中设置断点;
- 在监视窗口中添加需要进行监视的变量;
- 无论在 C 代码级(＊.C 文件)或者指令级(＊.sam 文件)中,均可以使用跳进或者跳过功能对代码进行调试;
- 对代码的执行进行复位、运行或者停止操作。

在 View→Workspace Panels→Embedded 中可以打开相应的工作面板,在面板中可以查看代码、断点、变量、程序存储器、数据存储器以及寄存器等用户在调试过程中所需要得到的信息。

图 5-37 为代码细节、断点信息以及变量监视面板。

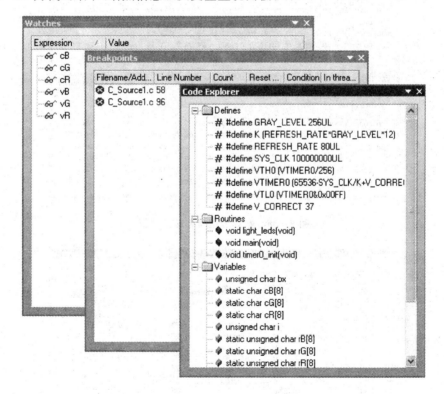

图 5-37 代码细节、断点信息以及变量监视面板

代码细节面板列出了代码中的宏定义、函数定义以及变量定义信息,双击相应的信息行可以在代码段中把光标定位到该定义所在代码行。

在断点信息查看面板上显示了代码中所有断点的信息,通过该面板,用户可以查看断点所在的文件以及代码行。双击面板上的相应信息行，可以实现断点在代码源文件中的定位，用户可以在右击信息行弹出的菜单中对相应断点的属性进行编辑。

变量监视面板中显示了用户所添加的监视变量信息。用户只需要在代码中右击需要添加的变量，然后在弹出菜单中选择 Add Watch，就可以完成新监视变量的添加。在该监视面板上，用户可以变量的显示模式，并可对变量值进行修改。

同样可以通过菜单 View→Workspace Panels→Embedded 打开数据存储器、程序存储器以及寄存器面板，如图 5-38 和图 5-39 所示。在调试程序的过程中，若代码的执行对存储器或者寄存器的内容进行了修改，则相应的存储器地址以及寄存器就会以红色字体显示。

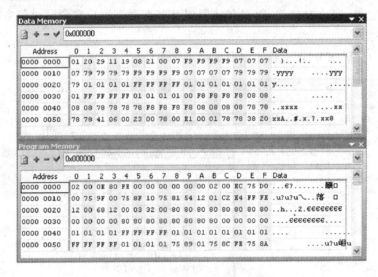

图 5-38　数据和程序存储器面板

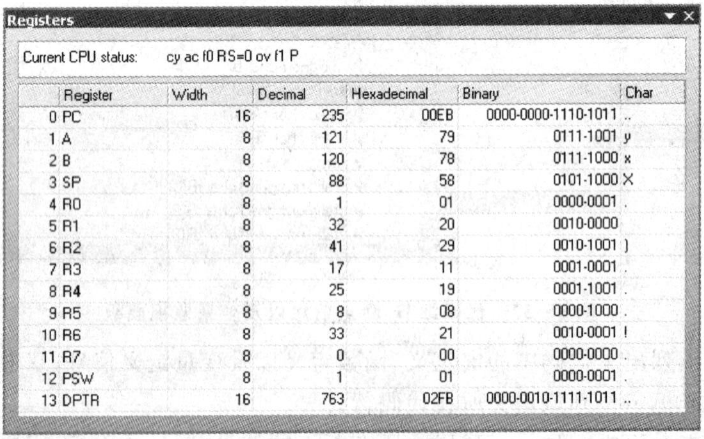

图 5-39　寄存器面板

第 5 章 Altium Designer 片上嵌入式系统设计

除了使用菜单栏或者工具栏上的调试命令对嵌入式软件进行全功能的在线调试外,还可以使用微控制器工具面板(Instrument Rack – Soft Device)进行简单的调试操作。双击器件视图上的目标处理器图标,就可以打开微控制器工具面板,如图 5 – 40 所示。用户在微控制器工具面板上可以对处理器进行复位、暂停、继续以及停止操作。

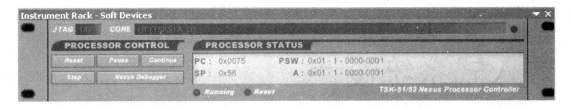

图 5 – 40　通过微控制器工具面板进行调试操作

单击微控制器工具面板上的 Nexus Debugger 按钮将出现 Nexus 调试器窗口,如图 5 – 41 所示。在调试器窗口上,用户可以进行汇编代码级的调试,查看处理器寄存器、程序存储器、数据存储器等信息。

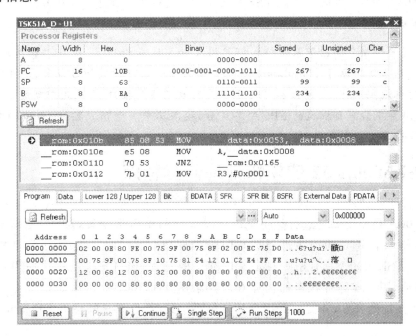

图 5 – 41　Nexus 调试器窗口

注意: 更多关于 TSK51x 嵌入式工具的信息,请参考 GU0107 Using the TSK51x TSK52x Embedded Tools. pdf;关于 TSK51x 嵌入式工具更全面的信息,请查看 TR0105 TSK51x TSK52x Embedded Tools Reference. pdf。

第 6 章
基于 TSK3000A 的 32 位片上嵌入式系统设计

概 要：

本章主要介绍了如何使用 Altium 创新电子设计平台进行基于 TSK3000A 的 32 位片上嵌入式系统设计。对 TSK3000A 软核处理器的特点，以及使用软核 FPGA 处理器进行系统设计所具有的优点进行了说明。并对 TSK3000A 的主要硬件资源进行了介绍，其中包括 Wishbone 总线接口、通用寄存器、特殊功能寄存器、中断以及定时器。

本章通过一个简单的例子来介绍如何采用 TSK3000A 进行 32 位片上嵌入式系统设计。采用 VHDL 语言编写基于 NanoBoard3000 目标板上的用户按键和 8 位彩色 LED 的驱动模块，模块采用标准 Wishbone 总线和 TSK3000A 处理器进行接口，并采用中断的方式进行按键值的读取。程序下载到目标板的 FPGA 芯片后，按下其中一个用户按键，右边相应于按键编号数目的 LED 将循环点亮红、绿、蓝 3 种颜色。

6.1 TSK3000A 32 位软核处理器的特点

TSK3000A 是一个 32 位的 Wishbone 总线兼容的精简指令集（RISC）处理器。该处理器的大部分指令采用 32 位宽度并且为单时钟周期指令。除此之外，为了实现快速的寄存器访问操作，TSK3000A 具有用户自定义内存块的特性，该自定义内存块使用真正的双口 RAM，实现单周期、零等待状态的快速存取。采用 TSK3000A，可以简化采用 FPGA 进行 32 位嵌入式系统的开发，并且使得用户从 8 位系统到 32 位系统的移植变得简单，降低系统的升级风险。

TSK3000A 是一个典型的 RISC 处理器，采用哈佛结构，具有非常简单的存储器结构特性以及强大的中断管理功能。该处理器支持 Wishbone 微处理器总线，大大简化了处理器与外设之间的互连方式。

TSK3000A 是一个独立于 FPGA 器件和生产商的 32 位系统硬件平台，可以使用任何的

Altium Designer 支持的具有合适容量的 FPGA 器件进行设计。

6.1.1 软核处理器的应用优势

高容量可编程逻辑器件价格的降低,使得具有简单 RISC 架构的处理器在其内部的实现更加流行。FPGA 器件拥有丰富的寄存器,非常适合同步电路的设计需求,能够在其内部实现较为理想的简单的流水线 RISC 架构处理器。因此,"软"FPGA 处理器在复杂专用系统设计中的使用将会更加广泛。

而在设计中使用"软"处理器,相对于使用固定厂商生产的固定型号的处理器,具有以下优点。

1. 现场的硬件可重配置

对于一个特定的应用,具有能够在应用现场改变设计的特性是非常显著的竞争优势。采用 FPGA 进行应用的设计,可以简化设计,缩短产品的前期开发周期。并且允许对设计进行现场测试,不需要进行板级系统的重新设计就可以在现场完成产品的后期设计。这种采用可编程逻辑器件的应用开发流程和软件产品的开发比较类似,设计的修改只需要在电脑上通过软件来完成,不需要改动板级系统的硬件结构。

2. 缩短产品的上市时间

FPGA 器件由于具有可编程的特性,可以大大缩短产品的开发周期,提高产品的上市速度。在产品设计中遇到的问题或者对产品性能的提升,只需要通过软件快速简单地改变 FPGA 的设计,而不需要改变板级设计。

3. 改善以及延长产品的生命周期

使用 FPGA 进行产品设计,在设计初期可以针对产品的关键功能和特性进行设计,这样就可以使产品很快地投入市场,占据市场先机。之后再对产品的功能和性能进行进一步的优化,在 FPGA 内部对硬件进行添加或修改,实现新的协议,修正初期产品的硬件漏洞,使产品更加完善。

4. 针对特定的应用创建协处理器

对于一个特定的功能,采用软件实现的算法,可以轻易地移植到硬件实现上。在产品开发的初期,可以先采用硬件实现所需功能,以加快开发速度。在完成产品的功能设计后,如软件不能达到所需性能,则可以在 FPGA 内部增加硬件,创建协处理器,提高性能。

5. 在一个独立的器件上实现多处理器

在产品设计的过程中,若使用单一处理器不能实现产品所需的功能或性能,可以通过软件修改设计,在 FPGA 内部实现多处理器,通过多处理器软件的协调处理实现更加强大的功能。

6. 降低系统成本

一个完整的微处理器系统,处理器、外设、存储器和 I/O 接口均被集成到一个单独的 FPGA 器件内部,大大降低了系统的复杂程度和设计成本。而在 FPGA 内部实现 32 位处理器,可以使设计具有更高的性价比。大规模 FPGA 器件的价格越来越低,FPGA 器件购买后,在其内部实现额外的功能是免费的。

7. 避免处理器供货产生的问题

芯片生产商对器件的升级换代或者器件的停产所导致的产品升级经常发生。若更换处理器的型号进行设计,通常需要对产品的软硬件做较大的改动;而更换 FPGA 型号,只需要对设计的硬件逻辑和应用软件做很少的改动,甚至不需要改动。

6.1.2 TSK3000A 处理器的特性

TSK3000A 具有以下特性:

(1) 5 级流水线 RISC 处理器;

(2) 输出结果为 64 位的 32×32 位硬件乘法器,支持有符号数或者无符号数乘法运算;

(3) 32 位硬件除法器;

(4) 32 位单周期桶形移位器;

(5) 32 个中断输入,可单独配置为电平或者边沿触发方式,并具有两种中断处理模式:

- 标准模式——中断发生后,所有中断转向同一可配置的向量地址;
- 向量模式——提供 32 个具有向量优先级的中断。中断发生后,每个中断跳转到单独的中断向量地址。

(6) 内部哈佛结构,并具有简单的外部存储器访问;

(7) 最大 4 GB 的地址空间;

(8) 提供 Wishbone I/O 和存储器端口,简化外设连接。

在 Altium Designer 中,TSK3000A 器件可以在 FPGA 处理器集成库(\Library\Fpga\FPGA 32-Bit Processors.IntLib)中找到。

6.2 TSK3000A 32 位处理器的介绍

TSK3000A 器件原理图符号如图 6-1 所示,该器件的引脚按功能排布成两部分,左边部分为外围 IO 接口引脚,右边部分为处理器接口引脚。除此之外,TSK3000A 符号底部为系统时钟以及系统复位输入引脚。在处理器原理图符号的下半部分为处理器的当前配置(Current Configuration),显示了处理器的 MDU(乘法、除法单元)、Debug Hardware(调试硬件)以及 Internal Memory(内部存储器)的配置值。

第6章 基于 TSK3000A 的 32 位片上嵌入式系统设计

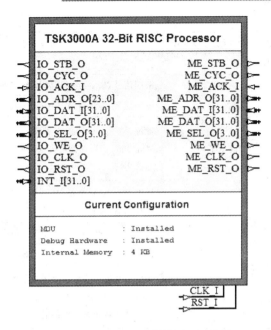

图 6-1 TSK3000A 器件原理图符号

6.2.1 引脚介绍

TSK3000A 处理器的引脚描述如表 6-1 所列。该处理器的引脚具有以下特点:

(1) TSK3000A 的引脚没有被固定到任何指定的器件 IO 上,这样就允许比较灵活的用户设计应用。

(2) TSK3000A 的引脚全都为单一的输入或者输出功能的引脚,使得处理器与外设和处理器与存储器的连接变得更加简单。

表 6-1 TSK3000A 引脚描述

名 称	类 型	极性/总线宽度	描 述
控制信号			
CLK_I	I	上升沿	外部(系统)时钟
RST_I	I	高电平	外部(系统)复位
中断信号			
INT_I	I	32	中断输入。分别清零或者置位 IMode 寄存器中的相应位,每一个输入引脚可以被配置为电平敏感或者边沿触发工作方式可以被配置为两种中断模式中的任意一种:标准模式或者向量模式(由状态寄存器中的 VIE 位决定)

续表 6-1

名称	类型	极性/总线宽度	描述
Wishbone 外部存储器接口信号			
ME_STB_O	O	高电平	闸门信号,指示有效 Wishbone 数据传输周期的开始
ME_CYC_O	O	高电平	周期信号,指示有效 Wishbone 总线周期的开始
ME_ACK_I	I	高电平	标准 Wishbone 器件应答信号。当引脚拉高时,代表一个外部 Wishbone 子存储器件完成了要求的执行操作,并且结束当前的总线周期
ME_ADR_O	O	32	标准 Wishbone 地址总线,用于选择连接在 Wishbone 总线上的子存储器件的读或写地址
ME_DAT_I	I	32	从外部子存储器件上接受到的数据
ME_DAT_O	O	32	输出到外部子存储器件上的数据
ME_SEL_O	O	4	数据字节选择信号。用于指定当前总线周期内,ME_DAT_I 或 ME_DAT_O 数据总线上的有效字节位置(32 位均等分成 4 个字节),这样就允许处理器进行 8 位、16 位或者 32 位的数据传输
ME_WE_O	O	高/低电平	写使能信号。用于指定当前总线周期为读或写周期("0"为读周期,"1"为写周期)
ME_CLK_O	O	上升沿	外部(系统)时钟信号(和 CLK_I 相同),在子存储器件和 CLK_I 输入端之间建立有效的连接。尽管该端口不是标准 Wishbone 接口的一部分,但这个信号可以为用户的设计提供方便性
ME_RST_O	O	高电平	和 RST_I 相连的外部(系统)复位信号。当向处理器外部复位引脚 RST_I 上发出复位信号时,该信号电平将会拉高。当该信号电平拉低后,复位周期完成,处理器进入正常工作。尽管该端口不是标准 Wishbone 接口的一部分,但这个信号可以为用户的设计提供方便性
Wishbone 外设 IO 接口信号			
IO_STB_O	O	高电平	闸门信号。指示有效 Wishbone 数据传输周期的开始
IO_CYC_O	O	高电平	周期信号。指示有效 Wishbone 总线周期的开始。该信号将保持到总线周期的结束,一个总线周期可以连续进行多个数据的传输
IO_ACK_I	I	高电平	标准 Wishbone 器件应答信号,当该信号电平拉高时,表示一个外部 Wishbone 子外设器件完成了所要求动作的执行,当前总线周期终止

第6章 基于 TSK3000A 的 32 位片上嵌入式系统设计

续表 6-1

名称	类型	极性/总线宽度	描述
IO_ADR_O	O	24	标准 Wishbone 地址总线,用于选择需要进行读写的所连接的 Wishbone 子外设器件的内部寄存器
IO_DAT_I	I	32	从外部 Wishbone 子外设器件中接收到的数据
IO_DAT_O	O	32	输出到 Wishbone 子外设器件中的数据
IO_SEL_O	O	4	数据字节选择信号。用于指定当前总线周期内,IO_DAT_I 或 IO_DAT_O 数据总线上的有效字节位置(32 位均等分成 4 个字节),这样就允许处理器进行 8 位、16 位或者 32 位的数据传输
IO_WE_O	O	高/低电平	写使能信号。用于指定当前总线周期为读或写周期("0"为读周期,"1"为写周期)
IO_CLK_O	O	上升沿	外部(系统)时钟信号(和 CLK_I 相同),在子外设器件和 CLK_I 输入端之间建立有效的连接。尽管该端口不是标准 Wishbone 接口的一部分,但这个信号可以为用户的设计提供方便性
IO_RST_O	O	高电平	和 RST_I 相连的外部(系统)复位信号。当向处理器外部复位引脚 RST_I 上发出复位信号时,该信号电平将会拉高。当该信号电平拉低后,复位周期完成,处理器进入正常工作。尽管该端口不是标准 Wishbone 接口的一部分,但这个信号可以为用户的设计提供方便性

6.2.2 处理器配置

TSK3000A 的架构可以在原理图中进行配置。用户只需要通过右击 TSK3000A 器件原理图符号,然后从弹出菜单中选择配置处理器选项(例如 Configure U_MCU1)就会出现处理器配置对话框,如图 6-2 所示。

在处理器配置对话框的右上角,可以在该下拉列表中选择设计中所需要用到的 32 位处理器的类型,例如 PowerPC、Nios2 等。如果在该下拉列表中选择不同的处理器,则在原理图中的处理器器件型号将会相应改变。下面将对配置对话框中不同部分的配置功能做一介绍。

1. 内部处理器存储器——Internal Processor Memory

该项用于定义处理器内部存储器的大小。这部分存储器,也叫"低端"或者"启动"存储器,使用 FPGA 内部的双口 RAM 模块实现,包括处理器应用软件的启动程序、中断以及异常处理入口地址。由于双口 RAM 具有零时钟周期延迟读写的特性,因此对运行速度要求比较高

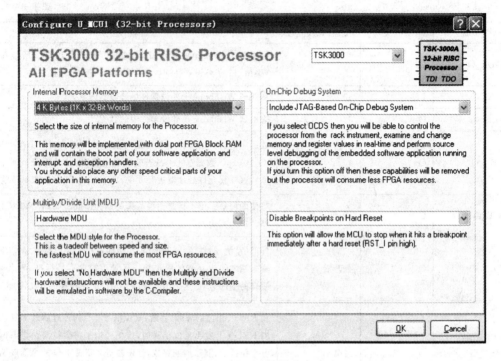

图 6-2　处理器配置对话框

的程序段也应该存放在该存储区域。

以下是 TSK3000A 处理器配置选项中提供的可用存储器大小选项：
- 1KB（256×32 位）；
- 2KB（512×32 位）；
- 4KB（1K×32 位）；
- 8KB（2K×32 位）；
- 16KB（4K×32 位）；
- 32KB（8K×32 位）；
- 64KB（16K×32 位）；
- 128KB（32K×32 位）；
- 256KB（64K×32 位）；
- 512KB（128K×32 位）；
- 1MB（256K×32 位）。

该选项的设置会在 TSK3000A 器件原理图符号中显示出来，如图 6-3 所示。

图 6-3　处理器配置结果显示

2. 乘法/除法单元——Multiply/Divide Unit(MDU)

该选项用来设置处理器是否使用硬件的乘法/除法单元,这里有两种可设置选项:Hardware MDU(使用硬件 MDU)或者 No Hardware MDU(不使用硬件 MDU)。

如果选项中选择了不使用硬件 MDU,TSK3000A 中的乘法(MULT,MULTU)或者除法(DIV,DIVU)的硬件指令将被禁止。在 C 语言中使用的乘法或者除法操作将会使用软件程序段通过加减法运算来实现。

该选项的设置会在 TSK3000A 器件原理图符号中显示出来,如图 6-3 所示。

3. 片上调试系统——On-Chip Debug System

该选项设置可以让用户在处理器架构内部加入在线调试系统(On-Chip Debug System,OCDS)单元,使用 OCDS 单元,用户可以进行以下操作:

- 在处理器相关的指令面板中对处理器进行控制,该面板可以被添加到 Instrument Rack－Soft Device 面板上;
- 实时查看或者修改存储器或寄存器的值;
- 对运行于处理器上的嵌入式软件应用提供源代码级的调试。

要使用处理器的在线调试功能,需要选择 Include JTAG-Based On-Chip Debug System 选项。当不需要用到在线调试功能时,可以选择 No On-Chip Debug System 选项以节省 FPGA 资源。

同样,该选项的设置会在 TSK3000A 器件原理图符号中显示出来,如图 6-3 所示。

4. 复位断点——Breakpoint on Reset

该选项设置选择是否从处理器硬复位后马上进入调试。选择 Enable Breakpoints on Hard Reset 选项,处理器将会在 RST_I 输入引脚产生外部复位信号后,马上遇到断点而停止,并且进入调试模式。

6.2.3　存储器和 IO 管理

TSK3000A 使用 32 位地址总线,提供 4 GB 的线性地址空间。所有存储器均使用 32 位宽度进行访问,因此物理地址总线宽度为 30 位。TSK3000A 的存储器空间被分为 3 个主要区域，分别被内部存储器、外部存储器以及外设 IO 使用，如图 6-4 所示。

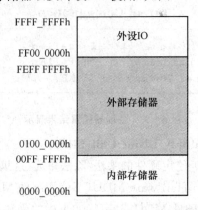

图 6-4 TSK3000A 存储器空间分配

1. 内部存储器

该部分存储器采用 FPGA 内部的双口 RAM 实现，可以在一个时钟周期内同时完成存储器的读写操作，因此具有很快的访问速度。RAM 的大小可以从 1KB 到 16MB 之间选择，具体的大小要看用户的需要以及物理 FPGA 所提供的 RAM 块总大小。因此，内部存储器的编址范围从 0000_0000h 到 00FF_FFFFh，包含了所有的异常向量地址空间以及对读取速度要求很高的代码或者数据。

2. 外部存储器

处理器的 Wishbone 外部存储器接口用于存放处理器的指令和数据，包含了处理器绝大部分的访问地址空间。外部存储器接口的编址范围从 0100_0000h 到 FEFF_FFFFh。

TSK3000A 没有为外部存储器提供缓存机制，在对 Wishbone 外部存储器访问上设计了总线超时机制。

TSK3000A 提供了一套简单的总线处理超时机制。当 TSK3000A 试图访问一个不存在的地址或者对一个被寻址目标子器件做出不正确的操作时，该机制保证处理器在等待 ME_ACK_I 引脚的应答信号期间，不会出现不确定的"死锁"而使处理器停止工作。当 ME_STB_O 输出变为高电平后，处理器在 4096 个时钟周期内等待被寻址子存储器件的应答信号，若在 4096 个时钟周期内未出现应答信号，处理器将强制终止当前数据传输周期。

如果发生总线操作超时，状态寄存器的 ACK 位(Status.10)将被置为高电平，用户可以通过软件清零 ACK 位以检测下一个 Wishbone 总线操作超时。

从子器件中发出的 ACK_O 信号不能使用"长时延"握手机制。当需要使用这种机制时，可以采用轮询或者中断方式实现。

第6章 基于TSK3000A的32位片上嵌入式系统设计

3. 外设IO

处理器的Wishbone外围IO接口是单向的Wishbone主机,处理IO的方式和外部存储器非常相似。这个接口可以和任何Wishbone子外设器件进行通信,可寻址地址空间在FF00_0000h到FFFF_FFFFh之间。该地址空间的大小为16 MB,并且允许使用的物理地址总线宽度为24位。

和外部存储器一样,外围IO接口在访问上提供了超时机制。当TSK3000A试图访问一个不存在的地址或者对一个被寻址目标子器件做出不正确的操作时,该机制保证处理器在等待IO_ACK_I引脚的应答信号期间,不会出现不确定的"死锁"而使处理器停止工作。当IO_STB_O输出变为高电平后,处理器在4096个时钟周期内等待被寻址子外设器件的应答信号,若在4096个时钟周期内未出现应答信号,处理器将强制终止当前数据传输周期。

同样若发生总线操作超时,状态寄存器的ACK位(Status.10)将被置为高电平,用户可以通过软件清零ACK位以检测下一个Wishbone总线操作超时。

从子外设中发出的ACK_O信号不能使用"长时延"握手机制。当需要使用这种机制时,同样可以采用轮询或者中断方式实现。

注意:更多的关于子物理存储和外围IO器件与处理器Wishbone接口连接的详细介绍,请参考应用文档Connecting Memory and Peripheral Devices to a 32-bit Processor。

6.2.4 存储器映射定义

对于一个嵌入式软件开发工程的管理,把存储器和外设映射到处理器的地址空间是设计的难点。

存储器映射本质上是硬件和软件工程之间的桥梁。硬件开发团队为各类存储器和外设器件分配所需的处理器地址空间块,而软件开发团队则进行代码的编写,对存储器和外设的所在地址空间进行访问。

Altium Designer为硬件设计和嵌入式软件的开发提供了一些非常有用的特性,这些特性帮助开发人员对器件地址空间的分配过程进行管理。

1. 搭建硬件和软件之间的桥梁

对硬件端(FPGA工程)存储映射的定义过程,本质上可分为3个步骤:
- 放置外设或者存储器件;
- 定义寻址要求,这个步骤使用Wishbone总线互连器可以轻易地完成;
- 把寻址要求定义引入处理器的配置中,这个步骤可以通过嵌入式工具来实现。

图6-5给出了用于TSK3000A的可寻址存储器和IO地址空间的一个例子,图中显示了多个存储器和外设器件的地址映射方式。

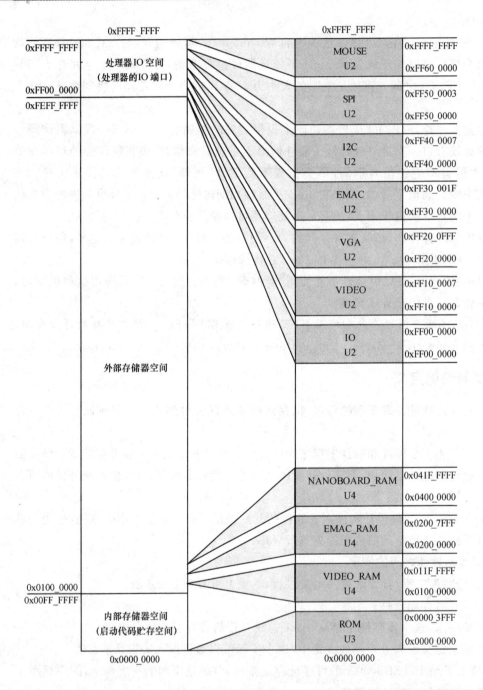

图 6-5 TSK3000A 的 2³² 可寻址空间（左边）以及存储器和外设器件映射图（右边）

第 6 章 基于 TSK3000A 的 32 位片上嵌入式系统设计

图 6-6 所示流程图给出了在 FPGA 工程中建立存储器映射的过程。根据该流程图的引导，用户在进行工程开发的过程中，需要重复进行流程图中所示的步骤来完成设计。

2. 存储器和外设的映射配置

每个可配置器件都有各自的配置对话框，其中包括对不同处理器的配置。处理器有不同的命令和对存储器和外设进行配置的对话框。但是如果有必要，也支持外设和存储空间的相互映射。

右击原理图中的处理器符号，选择 Configure Processor Memory 或 Configure Processor Peripheral 选项，就会弹出处理器存储或者外设配置对话框，如图 6-7 和图 6-8 所示。在处理器外设和存储配置对话框中，单击按钮 Import from Schematic 可以对附在处理器上的互连设置进行读取，使用这个操作可以快速地建立处理器的存储映射。

在处理器配置对话框底部，有两个选项可以为嵌入式工程自动生成汇编和 C 语言的硬件描述文件，使得嵌入式代码中外设和存储结构的声明变得简单化。在嵌入式工程对话框的存储器配置页中选择 Automatically import when compiling FPGA project 选项可以自动把存储器映射配置直接添加到嵌入式工程中。

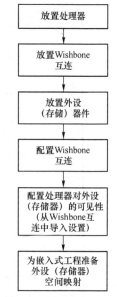

图 6-6 外设（存储器）与处理器之间的连接建立流程

注意：更多的关于把物理存储器件和 IO 外设映射到处理器地址空间的介绍，请参考应用手册 Allocating Address Space in a 32-bit Processor。

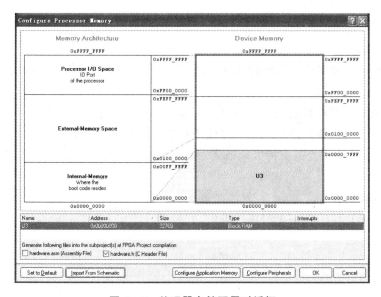

图 6-7 处理器存储配置对话框

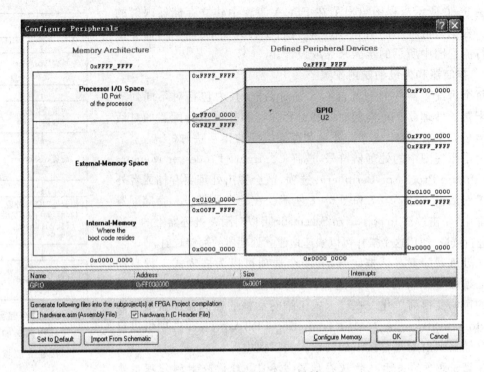

图 6-8 处理器外设配置对话框

6.2.5 存储器和外设 IO 访问

1. 数据组织方式

数据组织指的是数据传输期间的顺序问题,微处理器的存储主要有两种顺序类型的数据组织方式:

- 大端方式——操作数的较高字节存储在较低的地址上;
- 小端方式——操作数的较高字节存储在较高的地址上。

尽管 Wishbone 协议规范支持大端或者小端方式,TSK3000A 在存储数据组织上固定使用大端方式。

2. 字、半字和字节

TSK3000A 采用以下数据类型进行操作:

- 32 位字;
- 16 位半字;
- 8 位字节。

对这 3 种数据类型,TSK3000A 均有专门的加载和存储指令进行操作。图 6-9 给出了

第6章 基于 TSK3000A 的 32 位片上嵌入式系统设计

TSK3000A 中不同长度的数据类型在存储器中的组织方式。

Word-0				Word-1			
31　　24	23　　16	15　　8	7　　0	31　　24	23　　16	15　　8	7　　0

Half-0		Half-1		Half-2		Half-3	
15　　8	7　　0	15　　8	7　　0	15　　8	7　　0	15　　8	7　　0

Byte-0	Byte-1	Byte-2	Byte-3	Byte-4	Byte-5	Byte-6	Byte-7
7　　0	7　　0	7　　0	7　　0	7　　0	7　　0	7　　0	7　　0

图 6-9　TSK3000A 的数据类型组织

3. 存储器和外设的物理接口

TSK3000A 的外部物理接口为固定的 32 位宽度，这意味着在一个存储器访问周期内，处理器可以同时对 4 个字节的数据进行加载或者存储。但是 TSK3000A 具有字节级精度的寻址方式，为了兼容所有类型数据访问方式(8 位、16 位或 32 位)的要求，TSK3000A 采取了特殊的存储器访问方式。

可以把每次对 32 位数据的读写认为是从 4 个单字节通道进行数据的读写。这些单字节通道数据的有效性由 Wishbone 总线(外部存储器或者外围 IO)中 SEL_O[3..0]信号中的相应位决定。当 SEL_O[3..0]信号中的相应位为高电平时，代表该单字节通道的数据为有效数据。这样就允许处理器采用 32 位数据总线把单字节数据写入 32 位宽的存储器中，而不需要采用较慢的"读取→修改→回写"操作方式。

在数据操作指令中，TSK3000A 要求 32 位数据的加载和存储操作采用 4 字节边界对齐方式，16 位数据的加载和存储操作采用 2 字节边界对齐方式。而对字节(8 位数据)的操作可以采用任何有效的存储地址。

为了完成单字节的加载和存储，TSK3000A 将定位该字节数据所在的单字节通道并且设置 SEL_O 信号中的相应位为高电平。这时 TSK3000A 只会对 32 位字数据中的相应 8 位数据进行写入操作。

当对数据进行读取时，TSK3000A 将会把相应的 8 位或者 16 位数据以低位对齐的方式加载到 32 位字中。对 32 位字中剩余位的操作将由以下条件决定：

- 若读取的是无符号数据，处理器将会对剩余的 24 位或 16 位数据进行"0"填充；
- 若读取的是有符号字节数据，处理器将会对第 8 位进行符号扩展；
- 若读取的是有符号半字数据，处理器将会对第 16 位进行符号扩展。

4. 外设 IO 访问

由于处理器总是认为存储器的数据宽度是 32 位的，因此处理器对存储器 IO 的操作是相对透明的。甚至当所连接的物理存储器为 8 位或者 16 位,存储器接口控制器件将会对物理存储器的读写过程进行相应的组织和封装,使处理器看来该存储器是 32 位的。

处理器对于外围器件的读写操作相对复杂。对于 32 位的外围器件,不管所操作的外围器件是否支持单字节通道数据的操作,读写操作和存储器件类似。这些器件应该采用 32 位的 LW 或 SW 指令进行访问,对于 C 代码,这意味着需要声明该器件的接口为 32 位,例如:

＃define Port32（＊(volatile unsigned int＊）Port32_Address）

如果该 32 位的外设支持单字节通道数据操作,可以采用 LBU 或 SB 指令对外设进行 8 位数据操作,采用 LHU 或 SH 指令对外设进行 16 位数据操作。

对于位宽更小的器件,需要把 8 位或 16 位数值转换到处理器中的相应单字节通道中。当需要访问子外设 IO 器件时,这个过程由 Wishbone 互连器件自动处理,相应的也会增加额外的硬件开销来实现 4：1 或者 2：1 的多路选择器对 8 位或 16 位的数据进行操作。

处理器采用 LHU 和 SH 来完成对 16 位外设器件的访问,在 C 语言中,可以采用以下定义来声明 16 位宽的器件接口:

＃define Port16（＊(volatile unsigned short＊）Port16_Address）

而对于 8 位的外设器件,则采用 LBU 和 SB 指令,在 C 语言中接口的声明如下:

＃define Port8（＊(volatile unsigned char＊）Port8_Address）

在决定使用 8 位、16 位或者 32 位宽度器件方面,需要考虑到设计中所遇到的软硬件平衡的问题。在硬件上实现单独的 32 位宽度的 IO 端口比分别实现 4 组 8 位的 IO 端口需要更少的硬件开销。然而,如果在软件中采用的数据包的格式是 8 位或 16 位的,而在硬件上没有 IO 端口位宽以及资源开销方面的约束,这时应该设计 8 位或 16 位的硬件 IO 以节省软件上对 32 位数据拆分的时间开销,提高代码执行效率。

6.2.6 通用寄存器

TSK3000A 内部有一块 32×32 位的通用寄存器(General Purpose Register,GPRs)区,这些寄存器可以使用 R 类型指令进行访问。

在寄存器块区中,处理器可以同时对 3 个不同的寄存器地址进行访问——两个读操作以及 1 个写操作。

寄存器块区中的第一个寄存器 R0 可以采用汇编指令进行访问,但是无论往该寄存器写入什么内容,其返回值始终固定为"0"。

寄存器块区中的最后一个寄存器 R31 被硬件用作返回地址寄存器。该寄存器用于存储"分支连接"和"跳转连接"指令的返回地址,在程序中采用 jr ＄31 指令从函数跳转中返回。

通用寄存器块区中的寄存器在上电时均被初始化为0000_0000h,而后对处理器的复位操作不会改变这些寄存器的值。

除了被硬件直接使用的寄存器R0和R31外,一些寄存器在常规使用当中赋予了特殊的功能。

对于汇编代码,R1被汇编器用于实现宏指令,存储宏指令执行过程中所产生的中间变量。如果在通用汇编代码中使用指令对该寄存器进行赋值,汇编器将会产生警告信息。

对于C代码,在通用寄存器块区中同样会有一些寄存器被赋予了常规用法,表6-2列出了处理器中各通用寄存器常规用法的说明。

表6-2 TSK3000A通用寄存器常规用法说明

寄存器	名 称	描 述
$0	—	总是返回"0"值
$1	at	汇编临时寄存器(用于宏指令中间结果存储)
$2-$3	$v0-$v1	用于表达式计算,并用于保存整型或者指针类型的函数返回值
$4-$7	$a0-$a3	为函数传递参数,寄存器的值在函数交叉调用时不受保护。若传递的参数太多,后面的参数将通过堆栈传递
$8-$15	$t0-$t7	用于表达式计算的临时寄存器,寄存器的值在函数交叉调用时不受保护
$16-$23	$s0-$s7	保存寄存器,寄存器的值在函数交叉调用时受保护
$24-$25	$t8-$t9	用于表达式计算的临时寄存器,寄存器的值在函数交叉调用时不受保护
$26-$27	$kt0-$kt1 ($k0-$k1)	操作系统使用,$kt0也会被编译器在中断处理程序中使用
$28	$gp	全局指针和上下文指针
$29	$sp	堆栈指针
$30	$s8(或$fp)	保存寄存器(和$s0-$s7一样)或帧指针
$31	$ra	返回地址寄存器(用于存储分支连接或者跳转连接指令的返回地址)

6.2.7 特殊功能寄存器

特殊功能寄存器(Special Function Register,SFR)以COP0(协处理器0)寄存器的方式实现。可以使用MFC0和MTC0指令在一个指令周期内分别对这些寄存器进行读写。对TSK3000A中特殊功能寄存器的描述如表6-3所列。

表 6-3 TSK3000A 特殊功能寄存器

寄存器	名称	描述	可读	可写	索引
控制/状态寄存器	Status	处理器的控制和状态位	是	是	$0
中断使能寄存器	IEnable	使能/禁止中断	是	是	$1
中断裁决寄存器	IPending	显示各个中断通道是否有中断发生	是	是	$2
时基寄存器(低 32 位)	TBLO	64 位时基中的低 32 位	是	否	$3
时基寄存器(高 32 位)	TBHI	64 位时基中的高 32 位	是	否	$4
可编程定时器终值寄存器	PIT	定时器的定时间隔长度	是	是	$5
调试数据寄存器	Debug	OCDS 用于与处理器交换数据的寄存器	是	是	$6
异常返回寄存器	ER	存储中断和异常返回地址的寄存器	是	是	$7
异常基址寄存器	EB	指定中断向量表的基址	是	是	$8
中断模式寄存器	IMode	配置中断输入引脚的中断响应模式("0"为电平敏感,"1"为边沿触发)	是	是	$9

1. 控制/状态寄存器(Status)

寄存器 COP0-$0 用于控制处理器的操作并用于决定处理器当前的运行状态。在寄存器的 32 位数据当中,只有其中 16 位 Status[0..15]被处理器使用,如图 6-10 所示。复位后寄存器的值被初始化为 0000_0000h。表 6-4 中列出了状态寄存器中各个数据位的定义以及说明。

MSB 31																LSB
	16	15	14	13	12	11	10	9	8	7	6	5	4	3	2	1	0
-	Interrupt Priority					ACK	VIE	ITE	ITR	0	UMo	IEo	UMp	IEp	UMc	IEc

图 6-10 状态寄存器

表 6-4 状态寄存器数据位定义和说明

数据位	符号	功能
Status.31..Status.16	—	保留位
Status.15..Status.11	Interrupt Priority	中断优先级寄存器
Status.10	ACK	应答标志。用于指示是否发生了处理器 Wishbone 总线接口超时:"0"表示当前 Wishbone 总线传输正常完成;"1"表示 Wishbone 传输被强制终止
Status.9	VIE	向量中断使能。该位决定当前使用的中断模式: "0"为标准中断模式; "1"为向量中断模式

续表 6-4

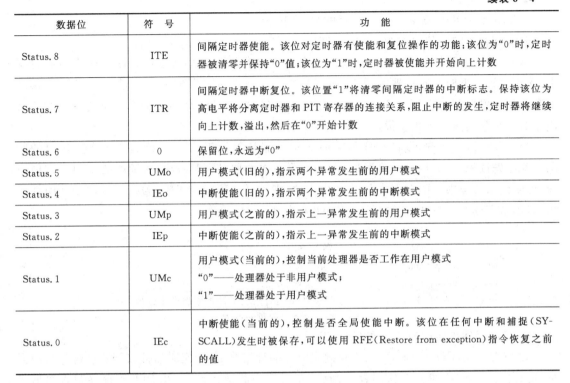

2. 中断使能寄存器（IEnable）

32 位寄存器（COP0－$5），用于单独设置 32 个中断输入允许或者禁止。设置 IEnable 中的相应位为高电平，将使能相应中断输入引脚的中断。该寄存器的复位值为 0000_0000h，这时所有中断将被禁止。

3. 中断裁决寄存器（IPending）

32 位寄存器（COP0－$2），用于观察每个中断使能门控之后的中断值。只有当中断输入端发生中断，并且中断使能寄存器中的相应位为高电平时，该寄存器的相应位才会置"1"。

当中断输入模式设置为边沿触发时，当在中断输入引脚出现边沿触发中断后，需要清零 IPending 中的相应位，以检测下一个边沿。往 IPending 寄存器写入"1"可以清零寄存器中的相应位。若 IPending 中的相应位未清零，则认为未对之前的边沿触发中断进行裁决。

该寄存器的复位值为 0000_0000h。

4. 时基寄存器（TBLO & TBHI）

TSK3000A 的时基计数器为 64 位，计数器的值在每个时钟周期向上递增计数，不能对其进行写操作来改变该时基寄存器的值。

时基由一对 32 位的只读寄存器实现：

- TBLO(COP0-$3)——计数器的低 32 位；
- TBHI(COP0-$4)——计数器的高 32 位。

时基寄存器的复位值均为 0000_0000h。

64 位的时基寄存器需要通过两个独立的指令进行读取。如果在读取时基寄存器的过程中，无论是先读取时基寄存器的低 32 位还是高 32 位，在读取了时基寄存器的一半后，TBLO 寄存器的值刚刚好从 FFFF_FFFFh 变为 0000_0000h，TBHI 寄存器由于进位而加"1"，则会使读取结果和实际结果相差很远。

为了避免以上问题，设计程序检测时基寄存器是否处于 TBLO 计数溢出产生进位的状态。程序先读取 TBHI，然后再读取 TBLO，再一次读取 TBHI，若两次读取的 TBHI 的值不同，说明读取过程中 TBLO 计数溢出产生进位，则重复循环读取步骤，若两次读取的 TBHI 值相同，则结束读取。具体实现的汇编程序代码如下：

```
Loop:
    mfc0    $2, TBHI        ;读取 TBHI
    mfc0    $3, TBLO        ;读取 TBLO
    mfc0    $4, TBHI        ;再次读取 TBHI
    bne     $2, $4, Loop    ;检测 TBLO 是否产生了计数溢出产生进位
                            ;若计数溢出则重新读取
```

5. 可编程间隔定时器终值寄存器(PIT)

32 位寄存器(COP0-$5)，用于控制定时器的计数终值，当定时器计数到达该寄存器的值时，定时器自动清零，并产生定时器中断(若定时器中断被允许)。往 PIT 寄存器写入数据将会复位定时器，定时器将从"0"开始重新计数。

PIT 寄存器的值只有在复位和写入新值时改变，在此以外，该寄存器的值保持不变。在系统复位时，寄存器的值被置为 FFFF_FFFFh。

可以采用以下指令读取 PIT 寄存器的值：

```
    mfc0    $2, PIT         ;读取定时器终值
```

要对 PIT 寄存器赋一个新的值，可以采用以下汇编程序实现：

```
    li      $2, 50000       ;把定时器终值载入 GPR2,50 MHz 计时间隔为 1 ms
    mtc0    $2, PIT         ;把 GPR2 的值写入 PIT 寄存器
```

6. 调试数据寄存器(Debug)

32 位寄存器(COP0-$6)，调试系统用于在调试器和处理器之间进行数据交换。该寄存器只在调试中被调试软件使用，用户在设计中没有必要对该寄存器进行访问。该寄存器的复位值为 0000_0000h。

7. 异常返回寄存器(ER)

32 位寄存器(COP0-$7)，用于为处理器存储中断和异常的返回地址。寄存器的复位值为 0000_0000h。

8. 异常基址寄存器（EB）

16 位寄存器（COP0-$8），用于在开始 64 KB 的存储器中指定中断向量表的基址。当使用标准中断模式时，该指定的地址为所有中断和异常的向量地址。该寄存器的默认值为 0000_0100h，处理器复位后将把该寄存器初始化为默认值。

9. 中断模式寄存器（IMode）

32 位寄存器（COP0-$9），用于配置中断输入引脚的中断响应模式为电平敏感或边沿触发：

- IMode.n 为高电平则为边沿触发模式（上升沿有效）；
- IMode.n 为低电平则为电平敏感模式（高电平有效）。

中断模式默认为电平敏感模式，IMode 寄存器的复位值为 0000_0000h。

10. 程序计数器（PC）

在程序指令执行的过程中，程序计数器 PC 装载着下一条需要执行的程序指令的地址。PC 的值在每个指令周期开始前将会增加 4，除非使用指令对该寄存器的值进行修改。

11. 高 32 位字数据寄存器（High Word Register，HI）

当使用 MULT 或者 MULTU 指令进行乘法运算时，该寄存器用于存放 64 位运算结果的高 32 位数据。当使用 DIV 或者 DIVU 指令进行除法运算时，该寄存器则用于存放除法运算的余数。

可以使用 MFHI 和 MTHI 对分别 HI 寄存器进行读写，对该寄存器的读写在一个指令周期内完成。HI 寄存器的复位值为 0000_0000h。

12. 低 32 位字数据寄存器（Low word Register，LO）

当使用 MULT 或者 MULTU 指令进行乘法运算时，该寄存器用于存放 64 位运算结果的低 32 位数据。当使用 DIV 或者 DIVU 指令进行除法运算时，该寄存器则用于存放除法运算的商值。

可以使用 MFLO 和 MTLOI 对分别 LO 寄存器进行读写，对该寄存器的读写在一个指令周期内完成。LO 寄存器的复位值为 0000_0000h。

13. 特殊功能寄存器的读写

在 C 语言中，对特殊功能寄存器的读写有专用的内部函数。对特殊功能寄存器的读写，本质上是对 TSK3000A 协处理器 0 的操作。读取特殊功能寄存器的值采用 __mfc0 函数，需要写入特殊功能寄存器则采用 __mtc0 函数。读写函数的原型定义如下：

读特殊功能寄存器：

volatile int __mfc0(int spr);

写特殊功能寄存器：

volatile void __mtc0(int val, int spr);

读写函数中的参数 spr 为特殊功能寄存器号，例如中断裁决寄存器 IPending 的寄存器号为 2，则采用如下代码对其进行读写：

读 IPending 寄存器：

unsigned int vspr;
vspr = __mfc0(2);

写 IPending 寄存器：

unsigned int vspr;
vspr = 0x00000000;
__mtc0(vspr, 2);

14. 寄存器的复位值

表 6-5 为 TSK3000A 内部寄存器复位值的统计。在特殊功能寄存器中，除了 PIT 寄存器以及 EB 寄存器外，其他寄存器的复位值均为 0000_0000h。

表 6-5　TSK3000A 寄存器复位值

寄存器	复位值
Status	0000_0000h
IEnable	0000_0000h
IPending	0000_0000h
TBLO	0000_0000h
TBHI	0000_0000h
PIT	FFFF_FFFFh
Debug	0000_0000h
ER	0000_0000h
EB	0000_0100h
IMode	0000_0000h
HI	0000_0000h
LO	0000_0000h
PC	0000_0000h
GPR $0 - GPR $31	通用寄存器的值只在上电时被清零，之后的处理器复位不影响寄存器的值

6.3　中断和异常

TSK3000A 可以产生硬件异常（中断）和软件异常。硬件异常通常由外设产生，当外设向处理器提出中断请求时，处理器能够及时响应该请求，跳转至预先指定的中断处理程序中对该中断请求进行处理,中断处理完成后重新返回正常的程序执行过程中。这样处理器不必采用查询的方式来对待外设的 IO 请求,以便进行实时的处理。软件异常一般由操作系统发出,操作系统的异常处理程序判断异常的发出原因并执行相应的处理。

6.3.1 中断

TSK3000A 处理器有 32 个中断输入,中断由处理器的 INT_I 引脚输入。每个中断可以单独配置为电平敏感或者边沿触发方式。

TSK3000A 要产生一个硬件中断,需要满足以下条件:
- 状态寄存器的 IEc 位(Status.0)为"1";
- 一个中断输入(INT_I(n))被激活(高电平或上升沿);
- 中断使能寄存器的相应位(IEnable.n)为高电平。

图 6-11 给出了 TSK3000A 的中断结构,包括专用的中断输入和可编程间隔定时器产生的中断。

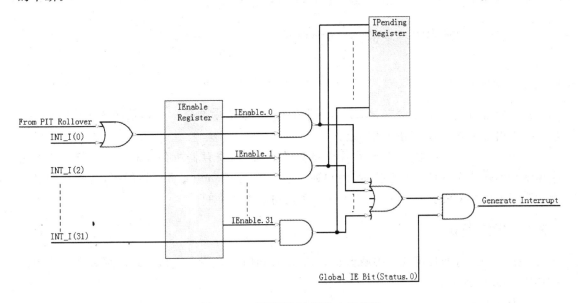

图 6-11　TSK3000A 硬件中断结构

除非向量中断被使能,在中断向量地址中的异常处理代码必须决定异常产生的原因并做出相应的响应。

当中断输入被激活时,在当前指令的流水线没有停止运行之前该中断将被忽略掉,在之后以插入软件异常的形式对该中断进行处理。

在 C 语言中,可以使用__interrupt()限定词定义一个中断服务处理程序,限定词__interrupt()可以包含从 0 到 31 总共 32 个向量号中的一个或者多个参数。所有在限定词参数中提

供的向量号所对应的中断发生时,程序将跳转到该中断服务处理程序中执行。中断服务处理程序的格式如下:

```
void __interrupt(vector_number[, vector_number]...) isr(void)
{
    //在这里添加中断处理程序代码
}
```

例如,若按键中断相应的中断号为1,则按键中断服务处理程序将写为:

```
void __interrupt(1) key_service(void)
{
    //在这里添加按键处理程序
}
```

当设置为边沿触发方式时,中断发生后需要清零IPending寄存器的相应位以等待下一边沿的检测,该操作可以通过对IPending的相应位写入"1"完成。在C代码中可以采用以下程序实现:

```
void tsk3000_clear_interrupt_edge_flags(unsigned int value)
{
    __mtc0(value,TSK3000_COP_InterruptPending);
}
```

6.3.2 软件异常

软件异常由程序发出SYSCALL指令产生,操作系统中的异常处理程序决定SYSCALL指令的发出理由并且做出相应的响应。

当程序发出SYSCALL指令后,程序将会跳转到EB寄存器所存储的向量地址。要确定该异常是由软件而不是硬件产生的,用户通过程序检查IPending寄存器的值,若寄存器的值为"0",即不存在未裁决的中断,则认为该异常是由软件产生的。

6.3.3 中断模式

TSK3000A有两种可选的中断模式:标准模式和向量模式。中断模式由状态寄存器中的VIE位(Status.9)决定。

1. 标准模式

对状态寄存器中的VIE位写入"0"可以把中断模式配置为标准模式。当一个中断输入被激活时,处理器将进行以下操作:

- 把返回地址保存到异常返回寄存器(ER)中;
- 保存全局中断允许位(IEc, Status.0)的当前状态,然后清零该位,禁止所有其他中断;
- 跳转到中断基址寄存器(EB)所存储的中断向量地址。在标准模式下,所有中断将会跳转到该向量地址。

在程序跳转到中断向量地址后,可以根据需要执行以下处理:
- 查看 IPending 寄存器的值,判断是否有未处理的中断输入,采用软件来进行优先级编码处理;
- 状态寄存器的位 Status[15..11]包含当前中断输入的向量优先级,软件异常处理程序可以根据需要用这个优先级解决中断处理先后的问题。

2. 向量模式

设置状态寄存器的 VIE 位为"1",可以把中断设置为向量模式。在该模式下,32 个不同的中断输入分别跳转到不同的向量入口地址。

每个向量之间的地址空间间隔为 8 个字节,给程序跳转指令和相关的分支延时间隙留了足够的空间。目标向量地址由异常基址(EB)的存储值决定,地址范围从(EB+0000h)到(EB+00F8h)。

在该模式下,中断优先级从低到高,中断 0(INT_I(0))的优先级比中断 1(INT_I(1))高,而中断 1(INT_I(1))的优先级比中断 2(INT_I(2))高,以此类推。

3. 中断向量地址

表 6-6 列出了 32 个中断输入在标准和向量模式下的目标向量地址列表,其中包含了通用的目标地址和默认地址。

表 6-6 TSK3000A 的目标向量地址列表

输入中断	标准模式		向量模式	
	通用目标地址	默认地址	通用目标地址	默认地址
0	EB	0100h	EB + 0000h	0100h
1	EB	0100h	EB + 0008h	0108h
2	EB	0100h	EB + 0010h	0110h
3	EB	0100h	EB + 0018h	0118h
4	EB	0100h	EB + 0020h	0120h
5	EB	0100h	EB + 0028h	0128h
6	EB	0100h	EB + 0030h	0130h
7	EB	0100h	EB + 0038h	0138h
8	EB	0100h	EB + 0040h;	0140h;
9	EB	0100h	EB + 0048h	0148h
10	EB	0100h	EB + 0050h	0150h
11	EB	0100h	EB + 0058h	0158h
12	EB	0100h	EB + 0060h	0160h
13	EB	0100h	EB + 0068h	0168h

续表 6-6

输入中断	标准模式		向量模式	
	通用目标地址	默认地址	通用目标地址	默认地址
14	EB	0100h	EB + 0070h	0170h
15	EB	0100h	EB + 0078h	0178h
16	EB	0100h	EB + 0080h	0180h
17	EB	0100h	EB + 0088h	0188h
18	EB	0100h	EB + 0090h	0190h
19	EB	0100h	EB + 0098h	0198h
20	EB	0100h	EB + 00A0h	01A0h
21	EB	0100h	EB + 00A8h	01A8h
22	EB	0100h	EB + 00B0h	01B0h
23	EB	0100h	EB + 00B8h	01B8h
24	EB	0100h	EB + 00C0h	01C0h
25	EB	0100h	EB + 00C8h	01C8h
26	EB	0100h	EB + 00D0h	01D0h
27	EB	0100h	EB + 00D8h	01D8h
28	EB	0100h	EB + 00E0h	01E0h
29	EB	0100h	EB + 00E8h	01E8h
30	EB	0100h	EB + 00F0h	01F0h
31	EB	0100h	EB + 00F8h	01F8h

6.3.4 从中断返回

在从硬件中断处理程序中返回前,程序必须先清零中断裁决寄存器中的相应位。从中断返回的处理器将会执行以下操作:

(1) 跳转到异常返回寄存器(ER)存储的地址。ER 是协处理器(COP0 - $7)的一个特殊功能寄存器。中断发生时,处理器将会把正确的返回地址存放在 ER 寄存器中。对于硬件中断,返回地址是当前执行的指令的地址。对于软件异常(SYSCALL 指令),返回地址是所执行的 SYSCALL 指令的后一地址。

(2) 必须执行 RFE(Restore From Exception)指令进行中断的返回。

异常处理程序在返回前必须恢复所有在异常处理中被修改的寄存器。当执行 RFE 指令时,处理器将会恢复状态寄存器中的以下状态位:

IEc ← IEp

IEp ← IEo
UMc ← UMp
UMp ← UMo

状态寄存器中的位 IEo 和 UMo 将保持不变。

在汇编源代码中,把 RFE 指令放在中断服务程序的最后使程序从中断中正常返回,例如:

ReturnFromInterrupt:
mfc0 t1, COP_ExceptionReturn
jr   t1   ;跳转到中断返回前处理程序
     rfe ;从中断返回

在 C 源码中,从中断返回的处理由 C 编译器自动生成。

6.4 可编程间隔定时器

TSK3000A 包含一个 32 位的可编程计数器,计数值在每个时钟周期自增,当计数器的值到达存储在 PIT 寄存器的计数终值时,计数器自动清零重新开始计数。计数器的值不能读取,只能通过计数值达到计数终值时所产生的中断(如果中断被使能)来识别。

计数器在状态寄存器的 ITE 位(Status.8)为高电平时运行,在 ITE 位为低电平时复位。当计数值达到计数终值 PIT 时,寄存器在下一时钟周期的上升沿清零。

定时器的中断将以未决中断 0 的形式出现,该中断在逻辑上与处理器的 INT_I(0)输入引脚是或(OR)的关系,因此使用定时器时,定时器中断具有最高的优先级。在使用定时器中断时,INT_I(0)引脚应该接地,除非处理器打算在应用程序中在中断 0 上处理两种形式的中断。

1. 设置间隔定时器中断

用户可以通过以下设置使间隔定时器产生中断:
- 把外部中断 0 引脚接地;
- 把 ITE 位清零以禁用定时器,同时计数器被清零;
- 清零计数器的未裁决中断,具体操作是把 ITR 位先置"1"再清"0";
- 把计数终值载入 PIT 寄存器;
- 把 IEnable 寄存器的 D0 位置"1",使能中断 0;
- 把状态寄存器的 ITE 位置"1",使能计数器。

经过 PIT 寄存器所设置的时钟周期后,在中断裁决寄存器中将会出现中断 0 未裁决的标记,若定时器中断被使能,程序将会跳转到用户事先设计的中断处理程序中执行。

2. 间隔定时器中断处理

当定时器计数达到终值寄存器 PIT 的值,间隔定时器中断标志将被置位,定时器自动清零。定时器中断产生后,中断标志位需要通过软件复位,具体操作是把状态寄存器中的 ITR 位置"1"然后清"0"。定时器复位后将继续从"0"向上计数,ITR 位的置位和清零对定时器的值没有影响。

3. 改变定时器中断的产生周期

改变 PIT 寄存器的值就可以改变定时器中断的产生周期。较为安全的做法是在定时器中断产生的时候把新的计数终值载入 PIT 寄存器。

在把新的值载入 PIT 寄存器时,如果在计数器计数的过程中,并且载入的值比当前计数器的值小,计数器将会计数到 FFFF_FFFFh 才会自动清零,然后重新开始计数。

6.5 Wishbone 总线通信

TSK3000A 采用 Wishbone 总线标准。该总线标准被正式描述为"用于便携式 IP 核的片上系统互连架构"。Wishbone 总线标准是没有版权的完全公开的标准,因此用户使用该标准的产品设计和发布完全是免费的。并且该总线标准不依赖于器件和供应商,方便用户根据产品设计需要创建高度便携的设计。

为了规范化对采用 Wishbone 总线标准的硬件和外设的访问,Altium Designer 为支持的每一个 32 位处理器提供基于 Wishbone OpenBus FPGA 核的封装。这种封装方式使得任意类型的处理器对 FPGA 中定义的外设的使用变得透明化。原本具有离散性和硬连线的外设,经过 FPGA OpenBus 封装器的封装,使得处理器与这些外设之间的连接变得简单化,对外设的添加或者移除具有无缝连接的特性,用户不需要考虑外设地址分配的问题。

6.5.1 Wishbone 器件的读写

下面将对处理器和连接到相应 Wishbone 接口的子外设或存储器件之间的标准握手过程进行介绍。TSK3000A 的 Wishbone 接口可以配置为 8 位、16 位或者 32 位数据传输模式,这取决于所连接的子器件的数据总线宽度。可以使用相应的 IO_SEL_O 或 ME_SEL_O 输出端口实现该配置,该输出可以定义 DAT_O 和 DAT_I 数据线上的有效读写数据字节。

1. 写 Wishbone 子外设器件

从主控制器写入到 Wishbone 总线兼容的外设器件和标准的 Wishbone 数据传输握手协议相一致。该数据传输周期总结如下:

- 主机把想要写入的寄存器的地址输出到 IO_ADR_O 地址总线上,同时把需要写入的有效数据输出到 IO_DAT_O 数据总线,然后声明 IO_WE_O 端口的写使能信号有效,指定该 Wishbone 总线周期为一个写周期;
- 主机使用 IO_SEL_O 信号,定义 IO_DAT_O 总线上的数据将要发送到的字节通道;
- 子器件接收 ADR_I 端口上的地址输入,准备接收数据;
- 主机声明 IO_STB_O 和 IO_CYC_O 端口的输出有效,指示数据传输的开始。子器件则监视 STB_I 和 CYC_I 端口的输入,响应该声明,把 DAT_I 上的数据锁存到主机要

求写入的寄存器,并声明 ACK_O 端口上的信号有效,向主机指示已经完成数据的接收;
- 主机则监视 IO_ACK_I 输入端口,向子器件发出响应,把 IO_STB_O 和 IO_CYC_O 信号的有效声明取消。同时子器件取消 ACK_O 信号的有效声明,正常结束数据传输过程。

2. 读 Wishbone 子外设器件

主控制器从 Wishbone 总线兼容的外设器件中读取数据和标准的 Wishbone 数据传输握手协议相一致。该数据传输周期总结如下:
- 主机把想要读取的寄存器的地址输出到 IO_ADR_O 地址总线上,然后使 IO_WE_O 上的输出无效,指定该 Wishbone 总线周期为一个读周期;
- 主机使用 IO_SEL_O 信号定义 IO_DAT_I 总线上的数据将要出现字节通道;
- 子器件接收 ADR_I 端口上的地址输入,准备把所选择寄存器的数据发送到数据总线上;
- 主机声明 IO_STB_O 和 IO_CYC_O 端口的输出有效,指示数据传输的开始。子器件则监视 STB_I 和 CYC_I 端口的输入,响应该声明,在 DAT_O 上输出主机要求读取的寄存器的数据,并声明 ACK_O 端口上的信号有效,向主机指示有效数据已经输出到数据总线上;
- 主机则监视 IO_ACK_I 输入端口,锁存 IO_DAT_I 总线上的数据,并向子器件发出响应,把 IO_STB_O 和 IO_CYC_O 信号的有效声明取消。同时子器件取消 ACK_O 信号的有效声明,正常结束数据传输过程。

3. 写 Wishbone 子存储器件

从主控制器写入到 Wishbone 总线兼容的存储器件和标准的 Wishbone 数据传输握手协议相一致。该数据传输周期总结如下:
- 主机把想要写入的存储器的地址输出到 ME_ADR_O 地址总线上,同时把需要写入的有效数据输出到 IO_DAT_O 数据总线,然后声明 ME_WE_O 端口的写使能信号有效,指定该 Wishbone 总线周期为一个写周期;
- 主机使用 ME_SEL_O 信号定义 ME_DAT_O 总线上的数据将要发送到的字节通道;
- 子器件接收 ADR_I 端口上的地址输入,准备接收数据;
- 主机声明 ME_STB_O 和 ME_CYC_O 端口的输出有效,指示数据传输的开始。子器件则监视 STB_I 和 CYC_I 端口的输入,响应该声明,把 DAT_I 上的数据写入到主机要求写入的存储器地址,并声明 ACK_O 端口上的信号有效,向主机指示已经完成数据的接收;
- 主机则监视 ME_ACK_I 输入端口,向子器件发出响应,把 ME_STB_O 和 ME_CYC_O 信号的有效声明取消。同时子器件取消 ACK_O 信号的有效声明,正常结束数据传输过程。

4. 读 Wishbone 子外设器件

主控制器从 Wishbone 总线兼容的存储器件中读取数据和标准的 Wishbone 数据传输握

手协议相一致。该数据传输周期总结如下：
- 主机把想要读取的存储器的地址输出到 ME_ADR_O 地址总线上，然后使 ME_WE_O 上的输出无效，指定该 Wishbone 总线周期为一个读周期；
- 主机使用 ME_SEL_O 信号定义 ME_DAT_I 总线上的数据将要出现字节通道；
- 子器件接收 ADR_I 端口上的地址输入，准备把所选存储器地址的数据发送到数据总线上；
- 主机声明 ME_STB_O 和 ME_CYC_O 端口的输出有效，指示数据传输的开始。子器件则监视 STB_I 和 CYC_I 端口的输入，响应该声明，在 DAT_O 上输出主机要求读取的存储器地址的数据，并声明 ACK_O 端口上的信号有效，向主机指示有效数据已经输出到数据总线上；
- 主机则监视 ME_ACK_I 输入端口，锁存 ME_DAT_I 总线上的数据，并向子器件发出响应，把 ME_STB_O 和 ME_CYC_O 信号的有效声明取消。同时子器件取消 ACK_O 信号的有效声明，正常结束数据传输过程。

6.5.2　Wishbone 时序

图 6-12 分别列出了标准的单 Wishbone 写(左)和读(右)周期的信号时序。该时序图假设主机和子器件之间采用点对点的连接，只显示了主机端接口的信号。注意，Wishbone 总线的周期速度会受子器件在声明应答信号(主机端得 ACK_I 输入)有效前所插入的等待状态的影响。

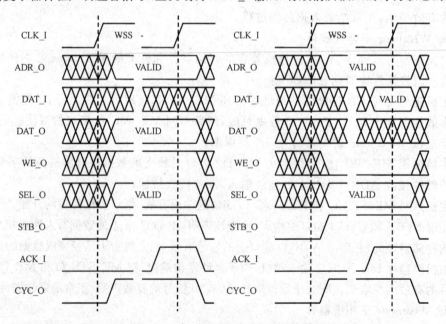

图 6-12　单 Wishbone 写(左)和读(右)周期的信号时序

6.5.3 系统互连专用器件

采用系统互连专用器件可以快速建立设计,解决处理器和存储器、外设之间的接口问题。这些互连专用器件包括 Wishbone Interconnect(Wishbone 互连器)、Wishbone Dual Master(Wishbone 双主机互连器)以及 Wishbone Multi – Master(Wishbone 多主机互连器)。这 3 个器件可以为设计者解决以下所列普通系统互连问题:

- 多个外设和存储模块与处理器进行接口(采用 Wishbone 互连器来实现);
- 允许两个以上具有总线控制功能的系统部件对同一资源进行数据的存取共享(采用 Wishbone 双主机或多主机互连器来实现)。

为连接到处理器上的所有系统部件采用 Wishbone 总线架构,为系统的模块化设计提供了可能性。Wishbone 总线标准在时钟、握手和译码要求的定义上,支持流行的数据总线传输协议,解决了系统部件之间进行数据交换的问题。

采用 Wishbone 接口解决了系统构建所需的较底层的物理接口问题。另外需要解决的是系统结构方面的问题,包括定义器件所在的地址空间,提供地址译码,并为处理器分配接口中断。

6.6 基于 TSK3000A 的 FPGA 系统设计

采用一个简单的例子来介绍如何采用 TSK3000A 进行 32 位片上嵌入式系统设计。采用 VHDL 语言编写一个基于 Wishbone 总线标准的外设驱动模块,实现 NanoBoard3000 目标板上的用户按键和 8 位彩色 LED 的电平驱动,并采用中断的方式进行按键值的读取。该模块与 TSK3000A 的标准 Wishbone 接口进行连接,并编写简单的程序完成按键的读取以及 LED 的点亮驱动。

6.6.1 基于 TSK3000A 的硬件系统搭建

(1) 选择菜单 File→New→Project→FPGA Project,新建一个 FPGA 项目,并另存为 TSK3000A_Wishbone_KeyLED. PrjFpg。

(2) 选择菜单 File→New→Schematic 为 FPGA 工程添加一个原理图,并另存为 SCH_Wishbone_KeyLED. SchDoc。

(3) 在原理图中添加如表 6-7 所列的器件,摆放位置如图 6-13 所示。

Altium Designer EDA 设计与实践

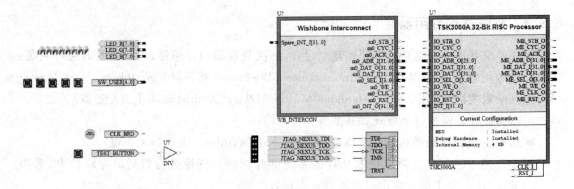

图 6-13 原理图中的元器件摆放位置

表 6-7 SCH_Wishbone_KeyLED 原理图中所用到的元器件列表

器件名称	库文件
TSK3000A	\Library\Fpga\FPGA 32-Bit Processors.IntLib
WB_INTERCON	\Library\Fpga\FPGA Peripherals(Wishbone).IntLib
NEXUS_JTAG_PORT	\Library\Fpga\FPGA Generic.IntLib
NEXUS_JTAG_CONNECTOR	\Library\Fpga\FPGA NB3000 Port-Plugin.IntLib
INV	\Library\Fpga\FPGA Generic.IntLib
LEDS_RGB	\Library\Fpga\FPGA NB3000 Port-Plugin.IntLib
USER_BUTTONS	\Library\Fpga\FPGA NB3000 Port-Plugin.IntLib
CLOCK_BOARD	\Library\Fpga\FPGA NB3000 Port-Plugin.IntLib
TEST_BUTTON	\Library\Fpga\FPGA NB3000 Port-Plugin.IntLib

(4) 选择菜单 File→New→VHDL Document 为 FPGA 工程添加一个 VHDL 文件,并另存为 VHDL_Wishbone_KeyLED.vhd。

(5) 在 VHDL 文件中使用 VHDL 语言输入代码如下:

```
--库文件声明
LIBRARY IEEE;
USE IEEE.STD_LOGIC_1164.ALL;
USE IEEE.STD_LOGIC_UNSIGNED.ALL;


--实体和端口声明
```

第6章 基于TSK3000A的32位片上嵌入式系统设计

```vhdl
ENTITY VHDL_Wishbone_KeyLED IS
    PORT(STB_I: IN   STD_LOGIC;
         CYC_I: IN   STD_LOGIC;
         ACK_O: OUT  STD_LOGIC;
         ADR_I: IN   STD_LOGIC_VECTOR(1 DOWNTO 0);
         DAT_O: OUT  STD_LOGIC_VECTOR(7 DOWNTO 0);
         DAT_I: IN   STD_LOGIC_VECTOR(7 DOWNTO 0);
         WE_I : IN   STD_LOGIC;
         CLK_I: IN   STD_LOGIC;
         RST_I: IN   STD_LOGIC;
         INT_O: OUT  STD_LOGIC;

         KEYP : IN   STD_LOGIC_VECTOR(4 DOWNTO 0);
         LED_R: OUT  STD_LOGIC_VECTOR(7 DOWNTO 0);
         LED_G: OUT  STD_LOGIC_VECTOR(7 DOWNTO 0);
         LED_B: OUT  STD_LOGIC_VECTOR(7 DOWNTO 0));
END VHDL_Wishbone_KeyLED;

--结构体以及信号声明
ARCHITECTURE WB_LED OF VHDL_Wishbone_KeyLED IS
    SIGNAL rKEYP_0: STD_LOGIC_VECTOR(4 DOWNTO 0);
    SIGNAL rKEYP_1: STD_LOGIC_VECTOR(4 DOWNTO 0);
    SIGNAL nKEY:    STD_LOGIC_VECTOR(7 DOWNTO 0);
    SIGNAL rINT_O:  STD_LOGIC;
    SIGNAL FDIV:    STD_LOGIC;
    SIGNAL rLED_R:  STD_LOGIC_VECTOR(7 DOWNTO 0);
    SIGNAL rLED_G:  STD_LOGIC_VECTOR(7 DOWNTO 0);
    SIGNAL rLED_B:  STD_LOGIC_VECTOR(7 DOWNTO 0);
BEGIN

--LED驱动进程,并完成Wishbone总线接口协议
    proc_led:PROCESS(CLK_I, RST_I)
        BEGIN
            IF(RST_I='1') THEN
                rLED_R <= "00000000";
                rLED_G <= "00000000";
                rLED_B <= "00000000";
            ELSIF(CLK_I'EVENT AND CLK_I='1') THEN
                IF(CYC_I='1') THEN
                    IF(STB_I='1') THEN
                        IF(WE_I='1') THEN
                            --根据不同的地址,锁存到不同的LED端口
```

```vhdl
                    CASE ADR_I IS
                        WHEN "00" => rLED_R <= DAT_I;
                        WHEN "01" => rLED_G <= DAT_I;
                        WHEN "10" => rLED_B <= DAT_I;
                        WHEN "11" => rLED_R <= DAT_I;
                                     rLED_G <= DAT_I;
                                     rLED_B <= DAT_I;
                    END CASE;
                ELSE
                    --根据不同的地址读取不同的LED端口值,为0x03地址则读取按键值
                    CASE ADR_I IS
                        WHEN "00" => DAT_O <= rLED_R;
                        WHEN "01" => DAT_O <= rLED_G;
                        WHEN "10" => DAT_O <= rLED_B;
                        WHEN "11" => DAT_O <= nKEY;
                    END CASE;
                END IF;
                ACK_O <= '1';
            ELSE
                ACK_O <= '0';
            END IF;
        ELSE
            ACK_O <= '0';
        END IF;
    END IF;
END PROCESS proc_led;
LED_R <= rLED_R;
LED_G <= rLED_G;
LED_B <= rLED_B;

--分频进程,50MHz时钟分频为20Hz,FDIV为分频标志
proc_clk_div:PROCESS(CLK_I, RST_I)
    VARIABLE CNT:INTEGER RANGE 0 TO 4194303 := 0;
    BEGIN
        IF(RST_I ='1') THEN
            FDIV <= '0';
        ELSIF(CLK_I'EVENT AND CLK_I ='1') THEN
            IF(CNT >= 2499999) THEN
                FDIV <= '1';
                CNT := 0;
            ELSE
                FDIV <= '0';
```

```vhdl
                CNT := CNT + 1;
            END IF;
        END IF;
    END PROCESS proc_clk_div;

--按键处理进程
    proc_key:PROCESS(CLK_I, RST_I)
        BEGIN
            IF(RST_I ='1') THEN
                rKEYP_0 <= "00000";
                rKEYP_1 <= "00000";
                rINT_0 <= '0';
                nKEY <= "00000000";
            ELSIF(CLK_I'EVENT AND CLK_I ='1') THEN
                IF(FDIV ='1') THEN
                    IF(rINT_0 ='0') THEN
                        IF(rKEYP_1(0) ='1' AND rKEYP_0(0) ='0') THEN   --判断按键1并产生中断
                            nKEY <= "00000001";
                            rINT_0 <= '1';
                        ELSIF(rKEYP_1(1) ='1' AND rKEYP_0(1) ='0') THEN --判断按键2并产生中断
                            nKEY <= "00000010";
                            rINT_0 <= '1';
                        ELSIF(rKEYP_1(2) ='1' AND rKEYP_0(2) ='0') THEN --判断按键3并产生中断
                            nKEY <= "00000100";
                            rINT_0 <= '1';
                        ELSIF(rKEYP_1(3) ='1' AND rKEYP_0(3) ='0') THEN --判断按键4并产生中断
                            nKEY <= "00001000";
                            rINT_0 <= '1';
                        ELSIF(rKEYP_1(4) ='1' AND rKEYP_0(4) ='0') THEN --判断按键5并产生中断
                            nKEY <= "00010000";
                            rINT_0 <= '1';
                        END IF;
                    ELSE
                        rINT_0 <= '0';
                    END IF;
                    rKEYP_1 <= rKEYP_0;    --采样按键值
                    rKEYP_0 <= KEYP;
                END IF;
            END IF;
    END PROCESS proc_key;
    INT_0 <= rINT_0;
END WB_LED;
```

该 VHDL 模块实现 LED 驱动 IO 以及按键处理,采用标准 Wishbone 接口协议,可以和 TSK3000A 的 Wishbone 总线进行连接。LED 驱动实现简单的数据锁存,锁存值由端口输出对 NanoBoard 目标板上的 8 颗彩色 LED 进行驱动;按键处理程序检测 NanoBoard 目标板上的 5 个用户按键,检测到按键后存储按键值,同时在中断输出口产生一个上升沿。

(6) 右击 Project 面板中的 VHDL_Wishbone_KeyLED.vhd 文件,选择命令 Compile Document VHDL_Wishbone_KeyLED.vhd 对 VHDL 文件进行编译,然后查看消息面板(用 View→Workspace Pannels→System→Messages 命令打开)中的编译消息,有错误则修改后再编译,直到没有错误为止。

(7) 返回原理图编辑器,选择菜单 Design→Create Sheet Symbol From Sheet or HDL,弹出文档选择对话框,如图 6-14 所示。

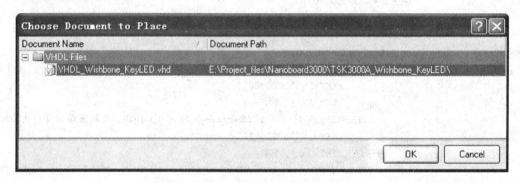

图 6-14 文档选择对话框

(8) 选择 VHDL_Wishbone_KeyLED.vhd 然后单击 OK 关闭对话框,则在鼠标上出现 VHDL 实体符号,如图 6-15 所示。单击鼠标左键可以把该实体符号添加到原理图中,如图 6-16 所示。

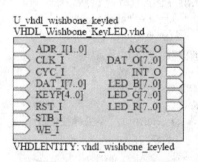

图 6-15 VHDL 实体符号

(9) 右击 WB_INTERCON 器件,选择 Configure U?(WB_INTERCON)命令,弹出 Wishbone 互连(Wishbone Intercon)配置对话框,如图 6-17 所示。

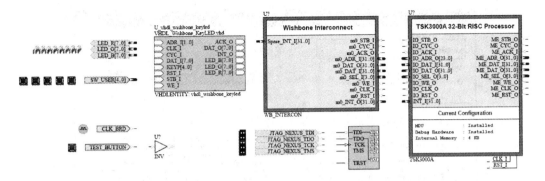

图 6-16 添加了 VHDL 实体符号的原理图

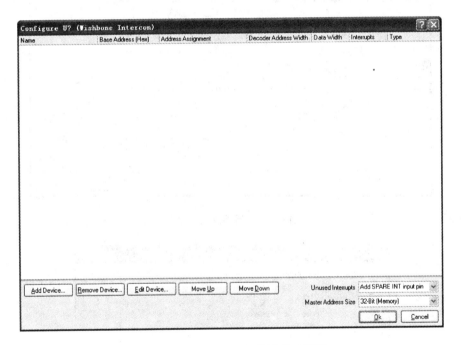

图 6-17 Wishbone 互连配置对话框

(10) 在 Wishbone 互连配置对话框中,选择左下角 Add Device 命令添加 Wishbone 器件接口,弹出器件属性(Device Property)对话框。在 Identifier 中填入 KeyLED;选择 Address Bus Mode 为 Byte Addressing - ADR-O(0)<=ADR-I(0);选择 Address Bus Width 为 2 Bits-Range = 4;选择 Data Bus Width 为 8-bit,如图 6-18 所示。

(11) 单击器件属性对话框右下角 Used Interrupts 选项的"..."图标,弹出中断配置对话框,如图 6-19 所示。在对话框中勾选中断 1,选择中断类型(Interrupt kind)为 Edge(边沿触发),选择触发极性(Polarity)为 Rising(上升沿)。单击 OK 关闭对话框。

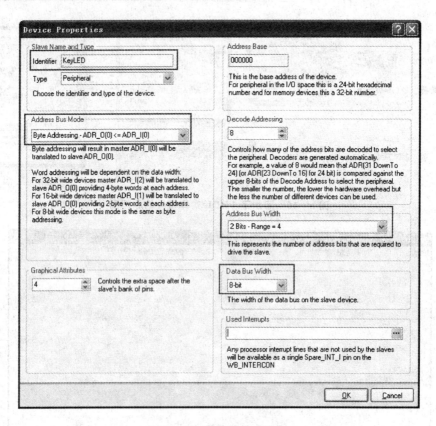

图 6-18 器件属性对话框

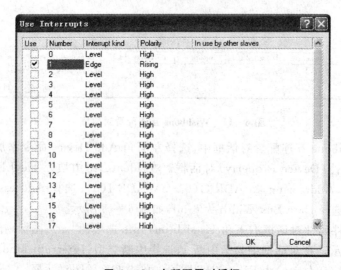

图 6-19 中断配置对话框

(12) 完成设置后的器件属性对话框如图 6-20 所示,单击 OK 完成 Wishbone 器件接口的添加。

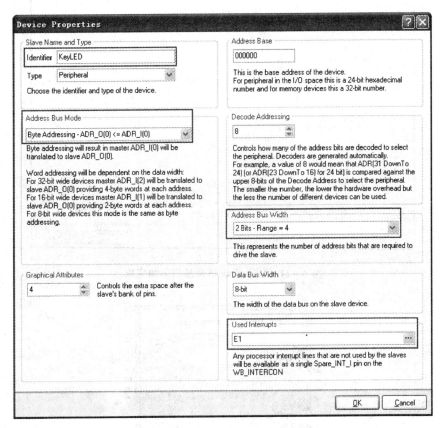

图 6-20　完成设置的器件属性对话框

(13) 在 Wishbone 互连对话框的右下角 Unused Interrupts 选项中,选择 Connect to GND,把所有位使用的中断接地;选择 Master Address Size 为 24-Bit(Peripheral I/O),配置该 Wishbone 互连器连接的为 24 位地址的外设。完成添加 Wishbone 器件的 Wishbone 互连对话框如图 6-21 所示,单击 OK 完成设置。完成设置后的 Wishbone 互连器件原理图符号如图 6-22 所示。

(14) 调整 VHDL 实体符号的端口位置和 Wishbone 互连器的接口相对应,如图 6-23 所示。

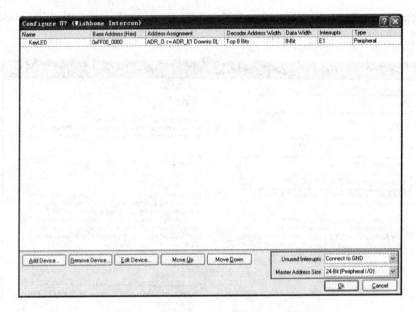

图 6-21 Wishbone 器件接口添加完成

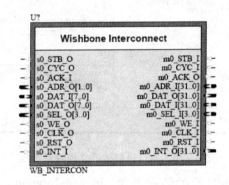

图 6-22 完成设置的 Wishbone 互连器原理图符号

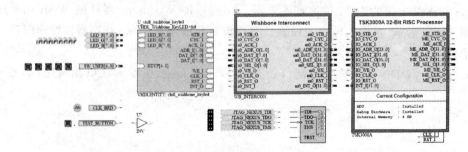

图 6-23 调整 VHDL 实体符号的端口位置

第6章 基于TSK3000A的32位片上嵌入式系统设计

(15) 右击TSK3000A器件符号,选择Configure U2 (TSK3000A)命令,弹出处理器配置对话框,在内部处理器存储项中选择32 KB(8K×32-Bit Words)选项,如图6-24所示,单击OK完成设置。

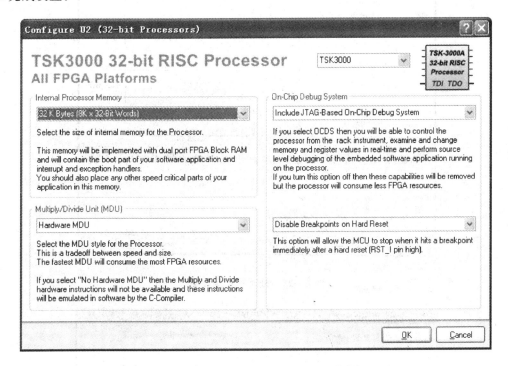

图6-24 处理器属性设置

(16) 右击TSK3000A器件符号,选择Configure Processor Memory命令,弹出处理器存储配置对话框,勾选左下角hardware.h(C Header File)选项,如图6-25所示。单击Configure Peripherals按钮切换到外设配置对话框,如图6-26所示。

(17) 在外设配置对话框中单击Import From Schematic按钮,弹出Wishbone项目选择对话框,把KeyLED项目中Import to Bus选项改为Import,如图6-27所示。单击OK完成导入返回外设配置对话框,完成外设导入后的外设配置对话框如图6-28所示。单击OK完成处理器外设的配置。

(18) 右击FPGA工程TSK3000A_Wishbone_KeyLED.PrjFpg,选择Compile FPGA Project TSK3000A_Wishbone_KeyLED.PrjFpg命令对工程进行编译。

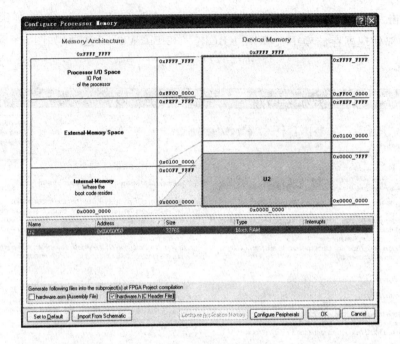

图 6-25 处理器存储设置

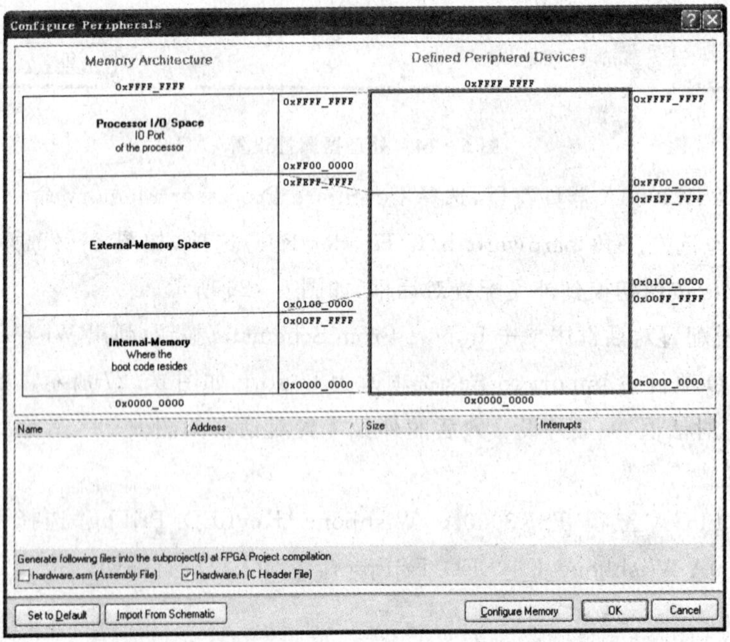

图 6-26 外设配置对话框

第6章 基于 TSK3000A 的 32 位片上嵌入式系统设计

图 6-27 Wishbone 项目选择对话框

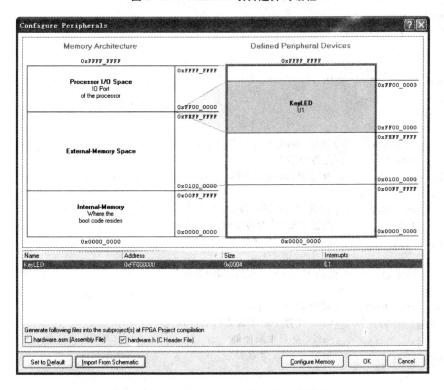

图 6-28 完成外设导入后的外设配置对话框

6.6.2 基于 TSK3000A 的嵌入式编程

(1) 新建一个嵌入式工程,把嵌入式工程另存为 EMB_Wishbone_KeyLED.PrjEmb。
(2) 给嵌入式工程添加一个 C 源文件,保存该文件为 C_Wishbone_KeyLED.c。
(3) 编写 C 源代码如下:

```c
#include <stdint.h>
#include "hardware.h"

volatile uint8_t * const led_r   = (void *)Base_KeyLED;
volatile uint8_t * const led_g   = (void *)(Base_KeyLED + 1);
volatile uint8_t * const led_b   = (void *)(Base_KeyLED + 2);
volatile uint8_t * const led_all = (void *)(Base_KeyLED + 3);
volatile uint8_t * const keyp    = (void *)(Base_KeyLED + 3);

unsigned char rkey;

void delay(void)
{
    uint32_t n;
    for(n = 0; n < 2777777; n++){};
}

void interrupt0_init(void)
{
    unsigned int x;

    x = __mfc0(1);        //读取 IEnable 寄存器
    x |= (1 << 1);        //允许中断 1
    mtc0(x, 1);           //返写 IEnable 寄存器

    x = __mfc0(9);        //读取 IMode 寄存器
    x |= (1 << 1);        //设置中断"1"为边沿触发方式
    mtc0(x, 9);           //返写 IMode 寄存器

    mtc0((1 << 1), 2);    //清除 IPending 寄存器相应数据位

    x = __mfc0(0);        //读取 Status 寄存器
    x |= (1 << 9);        //VIE,设置中断模式为向量模式
    x |= 1;               //IEc,全局中断使能
    mtc0(x, 0);           //返写 Status 寄存器
}
```

```c
void interrupt(Intr_KeyLED_A) check_key(void)
{
    rkey = (*keyp);
    mtc0((1 << 1), 2);  //清除 IPending 寄存器相应数据位
}

void light_led(volatile uint8_t * const led, unsigned char key)
{
    switch(key)
    {
        case 0x01:
            *led = 0x01;
        break;
        case 0x02:
            *led = 0x03;
        break;
        case 0x04:
            *led = 0x07;
        break;
        case 0x08:
            *led = 0x0f;
        break;
        case 0x10:
            *led = 0x1f;
        break;
        default:
            *led = 0x00;
        break;
    }
}

void main( void )
{
    interrupt0_init();
    *led_r = 0;
    *led_g = 0;
    *led_b = 0;
    rkey = 0;
    for( ;; )
    {
        delay();
        *led_g = 0;
```

```
    * led_b = 0;
    light_led(led_r, rkey);
    delay();
    * led_r = 0;
    * led_b = 0;
    light_led(led_g, rkey);
    delay();
    * led_r = 0;
    * led_g = 0;
    light_led(led_b, rkey);
    * led_r = 0x00;

    }
}
```

程序采用中断对按键进行响应,在按键处理中断中读取按键值。在主循环中,程序根据所读取的按键值循环点亮不同数量的红色、绿色、蓝色LED。

(4) 在Projects面板的Structure Editor中对嵌入式工程和FPGA工程进行关联(拖动嵌入式工程到FPGA工程下的U2[TSK3000A]图标上,如图6-29所示),建立关联后如图6-30所示。

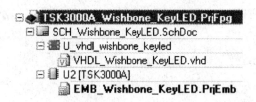

图6-29　拖动嵌入式工程到FPGA工程下的U2(TSK3000A)图标上

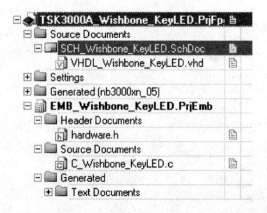

图6-30　建立关联后的FPGA工程和嵌入式工程视图

第6章 基于TSK3000A的32位片上嵌入式系统设计

(5) 右击 Projects 面板中的嵌入式工程 EMB_Wishbone_KeyLED.PrjEmb,选择 Project Option 命令,弹出嵌入式工程选项对话框。选择 Linker→Stack/Heap 选项,修改 Stack size 为 4 k,删除 Heap size 项中的内容,如图 6-31 所示。

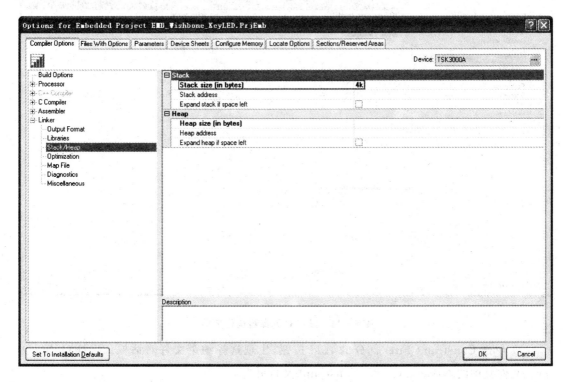

图 6-31 设置堆栈

(6) 选择 C Compile 选项,设置 Optimization level 选择为 No optimization 如图 6-32 所示,取消 C 编译器对代码的优化。这里取消代码优化是由于程序中使用程序循环产生延时。若保持默认优化,编译器则会认为该段代码无效而对其进行速度优化,程序延时效果消失。

(7) 单击 OK 关闭嵌入式工程选项对话框完成设置。

6.6.3 工程的构建以及下载运行

1. 为工程添加约束文件

(1) 右击 Projects 面板上的 FPGA 工程名称,选择 Configuration Manager,出现 FPGA 工程配置管理对话框。单击 Configuration 部分的 Add 按钮,出现新建配置(New Configuration)对话框,填入配置名称,例如 KeyLED,单击 OK 关闭对话框。

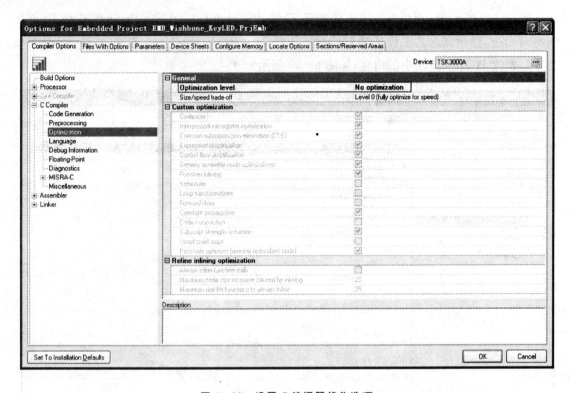

图 6-32 设置 C 编译器优化选项

(2) 单击 Constraint Files 部分的 Add 按钮,出现选择约束文件对话框。选择\Library\Fpga\文件夹中的 NB3000XN.05.Constraint 文件并打开。

(3) 返回配置管理对话框,勾选复选框如图 6-33 所示,然后单击确定关闭对话框。

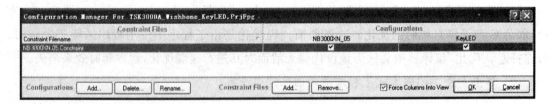

图 6-33 FPGA 工程配置对话框

2. 工程的构建流程以及下载运行

(1) 打开器件视图:View→Devices View。把 NanoBoard3000 目标板连接到电脑上,并且打开电源开关,选中 Live 复选框,确定 Connected 指示灯变为绿色如图 6-34 所示。

(2) 按步骤对器件视图中的工作流程进行操作:编译(Compile)→综合(Synthesize)→构

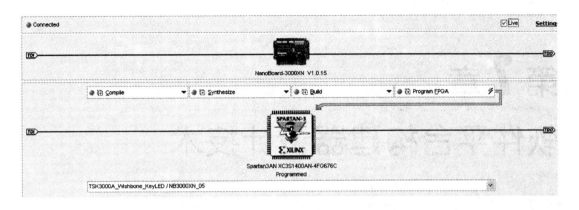

图 6-34　器件视图

建(Build)→程序下载(Program FPGA)。

(3) 按下 NanoBoard3000 目标板上的 5 个用户按键中的其中 1 个，例如 SW3，则目标板上的右边 3 颗 LED 循环点亮红、绿、蓝 3 种颜色；若按下 SW5，则目标板上的右边 5 颗 LED 循环点亮红、绿、蓝 3 种颜色。

注意：关于 TSK3000A 32 位处理器的更详细的介绍，请参考文档 CR0121 TSK3000A 32 bit RISC Processor.pdf；更多的关于 TSK3000A 嵌入式编程的资料，请参考文档 TR0109 TSK3000 Embedded Tools Reference.pdf。

第 7 章
软件平台构建器设计技术

概　要：
　　本章主要介绍如何使用 Altium 创新电子设计平台的新型可视化设计工具"OpenBus 系统",进行基于 TSK3000A 的 32 位片上嵌入式系统设计。对 OpenBus 总线系统的特点以及使用 OpenBus 总线进行 TSK3000A 嵌入式系统设计的方法进行了说明。介绍了 Altium Designer 为简化嵌入式软件的开发所引入的一个新的功能集"软件平台构建器",以及软件平台构建的步骤方法。

　　本章通过一个简单的例子来介绍如何采用 OpenBus 系统进行 32 位片上嵌入式系统设计。采用软件平台构建器构建嵌入式工程的软件平台,在 C 语言中调用软件平台中提供的 API 接口函数,进行程序代码的编写,完成 TFT 液晶显示屏、触摸板以及彩色 LED 的驱动。程序下载到目标板的 FPGA 芯片运行,进行触摸屏校正后,LCD 屏幕显示蓝色背景。这时用户触摸 LCD 屏幕,屏幕上将显示彩色圆点,同时目标板上的 LED 显示圆点所对应的色彩,触摸屏幕不同的地方将会显示不同的颜色。

7.1　OpenBus 总线系统

7.1.1　OpenBus 总线系统简介

　　Altium Designer 为用户提供了称作 OpenBus 系统的新型可视化设计工具。它将设计的抽象程度提高到了新的水平,大大简化了 FPGA 设计。加入 OpenBus 系统的根本目的是以更抽象的方式来表示"软"设计处理器中外设间的相互连接。

　　OpenBus 利用自身更直观和简易的设计输入环境达到这一目的,并减少了错误的漏查。例如,由于 OpenBus 系统将总线的复杂性从信号束抽象成单一的连接,因此构建和运行 Wishbone 系统所需要的操作就可以大大简化。

新系统基于在 OpenBus 编辑器中创建和管理的 OpenBus 文档。OpenBus 编辑器与 Altium Designer 的原理图编辑器相似，但自身拥有一套用于创建 OpenBus 设计的资源。这些资源由新的 OpenBus Palette 提供。它能提供包括构建系统（分为：连接器、处理器、存储器和外设）和定义设计内器件的连接关系所需的所有元件。所有这些都通过 OpenBus 的链接连接在一起。图 7-1 给出了采用 OpenBus 进行系统构建的一个示例。

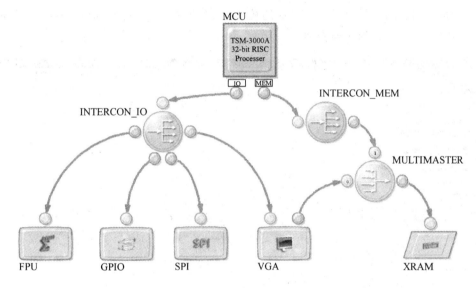

图 7-1 OpenBus 系统构建示例

7.1.2 OpenBus 总线系统基本原理

为了规格化对硬件和外设的访问，Altium Designer 为每一个支持的 32 位处理器提供了基于 Wishbone OpenBus 开放式总线封装的 FPGA 核心，例如 TSK3000A、NIOS2e 和 COREMP7 等，如图 7-2 所示。

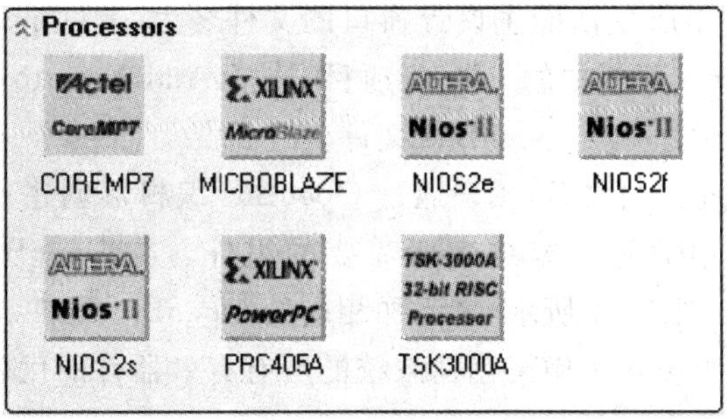

图 7-2 支持 OpenBus 开放式总线设计的 32 位处理器核心

OpenBus 开放式总线使得 FPGA 中定义的外设和任何使用该总线封装的处理器之间的连接变得透明化。使用 Wishbone OpenBus 对离散的、采用硬连线的外设进行封装,可以使外设在不同处理器之间的应用均可实现无缝连接的效果。

7.1.3 OpenBus 系统设计基础

OpenBus 系统文档是 OpenBus 系统的核心,该系统文档通过 Altium Designer OpenBus 编辑器(如图 7-3 所示)创建和管理。

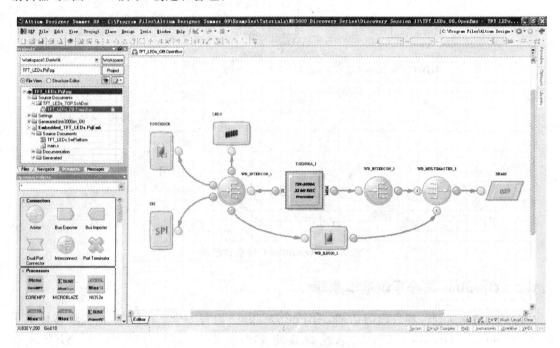

图 7-3 OpenBus 编辑器

当 Altium Designer 中所激活的主设计窗口的文件名为"*.OpenBus"时,OpenBus 编辑器将被激活。右击 Projects 面板中的 FPGA 项目,选择 Add New to Project→OpenBus System Document 命令便可创建一个 OpenBus 文件。

创建了 OpenBus 系统文档之后,用户通过 OpenBus 编辑器创建自己的电路系统,首先需要在 OpenBus 系统文档中放置系统构建所需要的组件。在 OpenBus 编辑器中,可以通过 OpenBus Palette 面板(如图 7-4 所示)来添加相应的 OpenBus 组件。

OpenBus Palette 面板包含了用于创建系统的所有有效器件的代表图形,这些器件在面板中被分成 4 种类型:

● 连接器。提供互连和仲裁器件,器件的功能和原理图设计方法中的 WB_INTERCON

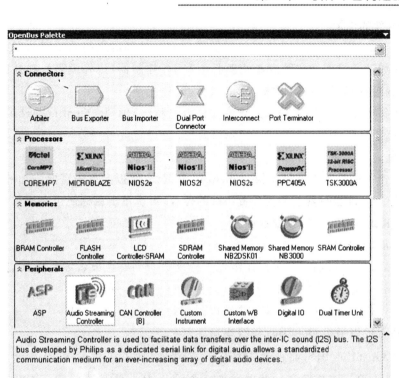

图 7-4 通过 OpenBus Palette 面板添加 OpenBus 组件

和 WB_MULTIMASTER 类似。其中还包括了 Port Terminator(端口终结器),用于放置于未使用的主机端口上。

- 处理器。提供 Altium Designer 支持的所有 32 位处理器。
- 存储器。提供存储控制器件。
- 外设。提供所有的有效的 IO 外设器件。

如果处理器、外设和存储器件是"砖块",系统互连和仲裁器件则是把它们粘合在一起的"泥灰"。

1. 互连器的作用

使用互连器可以使处理器通过单一的 OpenBus 接口对一个或多个外设器件进行访问。互连器直接和处理器的 IO 和 MEM 接口进行连接,为处理器和 IO 外设以及物理存储器之间的通信提供便利。

注意:更多的关于互连器的信息,请参考技术文档 TR0170 OpenBus Interconnect Component Reference.pdf。

2. 仲裁器件的作用

仲裁器为 OpenBus 系统中单个子外设器件在多个处理器之间的访问共享提供了一个简单的方法。例如两个以上处理器或者处理器和 VGA 控制器（该外设需要和处理器共享显示存储）对同一物理存储器的访问要求。

注意：更多的关于互连器的信息，请参考技术文档 TR0171 OpenBus Arbiter Component Reference.pdf。

3. 组件放置

OpenBus 组件的放置十分简单，在 OpenBus Palette 面板上单击需要添加的组件，然后把鼠标移动到 OpenBus 编辑器上需要放置组件的位置，再次单击鼠标便可完成组件的放置。如图 7-5 为 TSK3000A 处理器放置示意。

4. OpenBus 总线端口

完成 OpenBus 组件放置后，可以在组件图标周边看到红色或者绿色的圆点，这些圆点代表组件的 OpenBus 总线端口：

- 红色圆点代表主机 OpenBus 总线端口；
- 绿色圆点代表子机 OpenBus 总线端口。

用户通过 OpenBus 编辑器顶部工具栏的 按钮（或者菜单命令 Place→Add OpenBus Port）可以为 OpenBus 互连器和仲裁器添加一个 OpenBus 总线端口。具体操作是单击该按钮，然后把鼠标移至需要添加端口的互连器或者仲裁器（如图 7-6 所示），然后再次单击鼠标完成添加。具体添加的是主机端口还是子机端口，由系统自动判断：添加到互连器的为子机端口，添加到仲裁器的为主机端口。用户需要删除添加的 OpenBus 总线端口，只需要单击选中需要删除的端口，然后按下键盘的 Delete 按键完成删除。

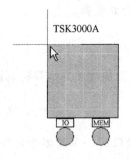

图 7-5 放置 TSK3000A 处理器

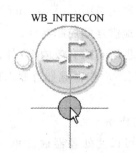

图 7-6 OpenBus 总线端口

5. OpenBus 组件连线

和原理图编辑器一样，OpenBus 编辑器对 OpenBus 组件的连接有专门的连线工具。用

第7章 软件平台构建器设计技术

户通过编辑器顶部工具栏的 按钮（或者菜单命令 Place→Link OpenBus Port）可以对 OpenBus 文档中组件进行连线。具体操作是单击该按钮，这时鼠标上出现十字交叉线，然后分别单击需要进行连线的组件主机和子机端口完成连线。对 OpenBus 组件的连线示意如图 7-7 所示。

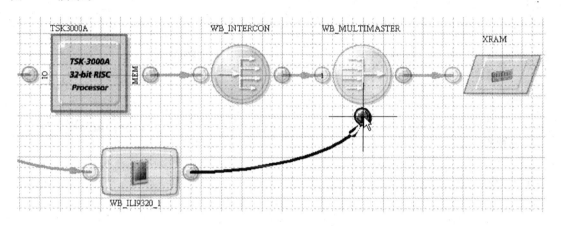

图 7-7 OpenBus 组件连线

7.2 采用 OpenBus 总线构建 TSK3000A 处理器系统

下面通过一个简单的例子来说明基于 OpenBus 开放式总线的 FPGA 系统设计方法。

(1) 选择菜单 File→New→Project→FPGA Project，新建一个 FPGA 项目，并另存为 TFT_LEDs.PrjFpg。

(2) 选择菜单 File→New→OpenBus System Document 为 FPGA 工程添加一个 OpenBus 系统文档，并另存为 OPENBUS_TFT_LEDs.OpenBus。

注意：保存 OpenBus 文件或原理图文件时，文件名称不要和 FPGA 工程的名称相同，否则工程综合时会出现递归错误。

(3) 在 OpenBus 系统文档中添加如表 7-1 所列的组件，为其中一个 OpenBus 互连器增加 3 个 OpenBus 端口，并排布如图 7-8 所示。

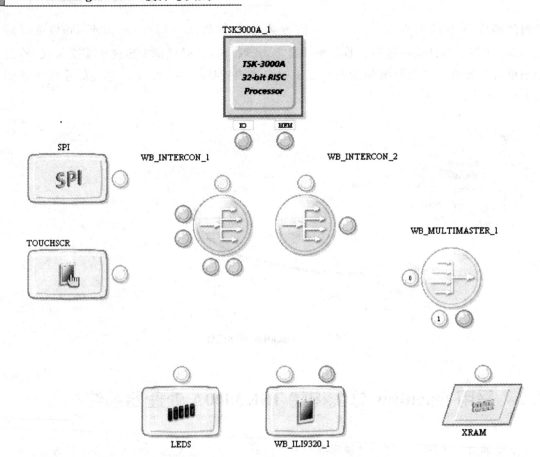

图 7-8　OpenBus 系统文档中的组件添加

表 7-1　需要添加的 OpenBus 组件

组件名称	组件类型	数量
TSK3000A	处理器	1
Interconnect（互连器）	连接器	2
Arbiter（仲裁器）	连接器	1
SPI	外设	1
Touchscreen pen control	外设	1
LED controller	外设	1
VGA 32-Bit ILI9320	外设	1
SRAM Controller	存储器	1

(4) 为 OpenBus 系统文档中的组件进行连线,完成连线后的系统结构如图 7-9 所示。

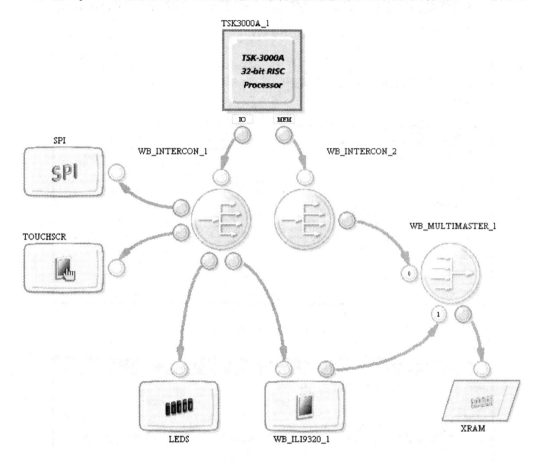

图 7-9 OpenBus 系统文档中的组件连线

(5) 右击 TSK3000A 处理器图标,选择命令 Configure TSK3000A_1(TSK3000A)命令,打开处理器配置对话框。选择内部处理器存储器为 32 KB,如图 7-10 所示。

(6) 单击处理器配置对话框左下角的 Manage Signals 按钮,打开 OpenBus 信号管理对话框,并选择 Interrupt 子页,在 VGA 32-Bit ILI9320 Controller 下中断选择 INT_I0(中断 0),类型为 Rising edge(上升沿),如图 7-11 所示。单击 OK 关闭对话框,返回处理器配置对话框。

(7) 单击处理器配置对话框中的 OK 按钮保存设置并关闭对话框。

(8) 右击 TSK3000A 处理器,选择 Configure Processor Memory 命令,打开处理器存储配置对话框,勾选对话框下方的 hardware.h(C Header File)选项(如图 7-12 所示),然后单击 OK 保存设置,退出对话框。

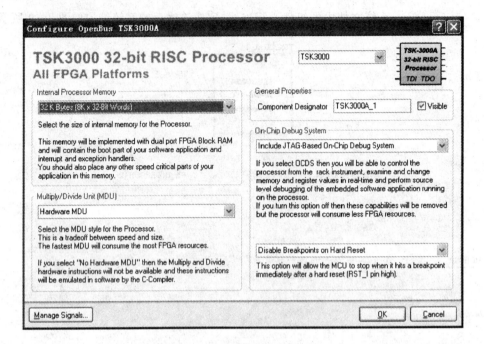

图 7-10 配置处理器选项

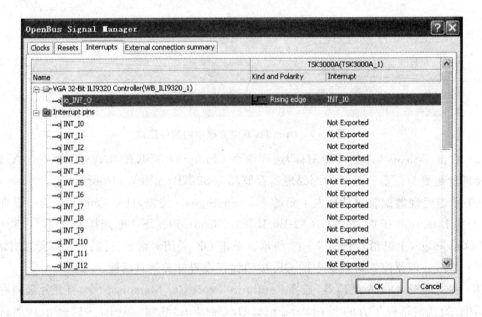

图 7-11 选择中断号

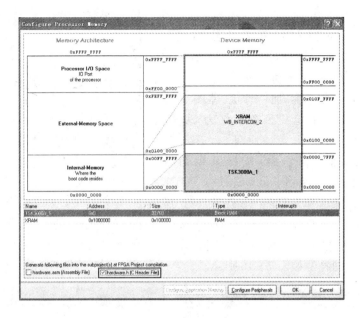

图 7-12 配置处理器存储

(9) 右击 TSK3000A 处理器，选择 Configure Processor Peripheral 命令，打开外设配置对话框（如图 7-13 所示），可以查看外设相关配置选项，包括地址、空间大小以及使用中断。这里不需要对配置进行修改，直接单击 OK 退出对话框。

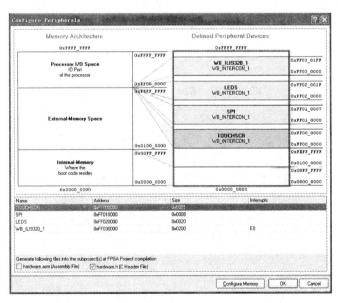

图 7-13 外设配置对话框

（10）右击 SPI 组件，选择 Configure SPI (SPI)命令，打开 OpenBus SPI 配置对话框，取消 Enable Mode Pin 选项的选择（如图 7-14 所示），然后单击 OK 保存设置，退出对话框。

（11）为 FPGA 工程添加一个原理图文件 (File→New→Schematic)，并另存文件为 SCH_TFT_LEDs.SchDoc。

（12）在原理图编辑器中，选择菜单命令 Design→Creat Sheet Symbol From Sheet or HDL 命令，打开文档放置选择对话框（如图 7-15 所示），在对话框中选择 OPENBUS_TFT_LEDs.OpenBus 文档，然后单击 OK 完成原理图符号的添加。添加的原理图符号如图 7-16 所示。

图 7-14 OpenBus SPI 接口配置对话框

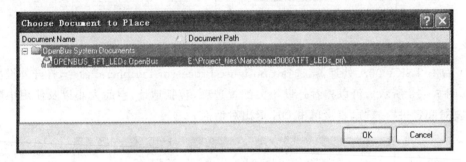

图 7-15 文档放置选择对话框

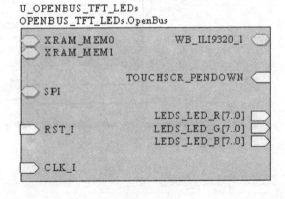

图 7-16 原理图符号

（13）在原理图编辑器中,选择菜单命令 Place→Harness→Predefined Harness Connector,打开 Harness 预定义接口放置对话框,如图 7-17 所示。

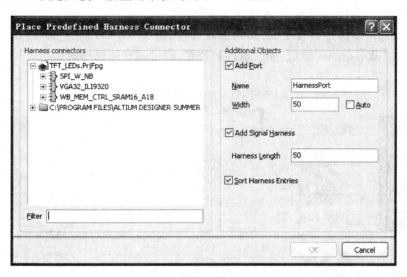

图 7-17　Harness 预定义接口放置对话框

（14）取消对话框右边的 3 个选项 Add Port、Add Signal Harness 和 Sort Harness Entries 的选择。选中对话框左边的相关条目,例如 SPI_W_NB,然后单击 OK 添加对应的 Harness 接口,如图 7-18 所示。

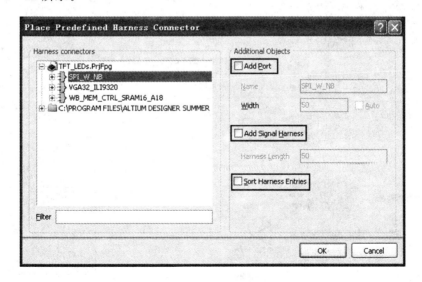

图 7-18　Harness 接口放置

(15) 依次在原理图上添加所需的 Harness 接口,分别为 SPI_W_NB、VGA32_ILI9320 以及 WB_MEM_CTRL_SRAM16_A18。由于处理器需要外接两个 SRAM 模块,因此 Harness 接口 WB_MEM_CTRL_SRAM16_A18 需要添加两次。

(16) 在原理图中添加如表 7-2 所列的器件,调整 U_OPENBUS_TFT_LEDs 原理图符号的端口排布以及 Harness 接口、相关器件的位置,经过调整的原理图如图 7-19 所示。

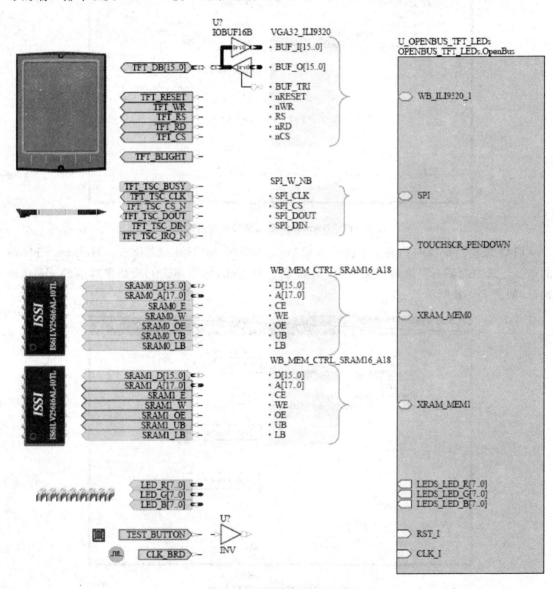

图 7-19 排布调整后的原理图

表 7-2 需要在原理图中添加的器件

器件名称	库文件
IOBUF16B	\Library\Fpga\FPGA Generic.IntLib
TFT_LCD	\Library\Fpga\FPGA NB3000 Port-Plugin.IntLib
TFT_PEN	\Library\Fpga\FPGA NB3000 Port-Plugin.IntLib
SRAM0	\Library\Fpga\FPGA NB3000 Port-Plugin.IntLib
SRAM1	\Library\Fpga\FPGA NB3000 Port-Plugin.IntLib
LEDS_RGB	\Library\Fpga\FPGA NB3000 Port-Plugin.IntLib
TEST_BUTTON	\Library\Fpga\FPGA NB3000 Port-Plugin.IntLib
CLOCK_BOARD	\Library\Fpga\FPGA NB3000 Port-Plugin.IntLib
INV	\Library\Fpga\FPGA Generic.IntLib

(17) 对原理图进行连线，完成连线的原理图如图 7-20 所示。

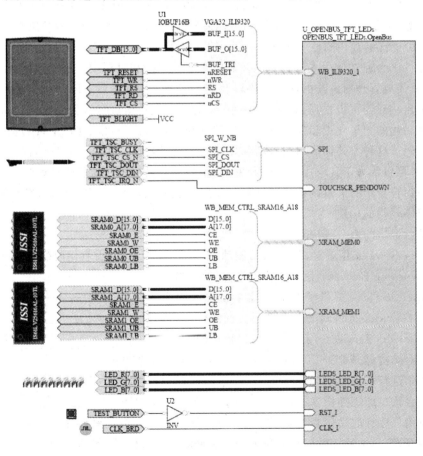

图 7-20 完成连线后的原理图

（18）新建一个嵌入式工程，把嵌入式工程另存为 EMB_TFT_LEDs.PrjEmb。

（19）给嵌入式工程添加一个 C 源文件，保存该文件为 C_TFT_LEDs.c。

（20）在 Projects 面板的 Structure Editor 中对嵌入式工程和 FPGA 工程进行关联，方法是拖动嵌入式工程到 FPGA 工程下的 TSK3000A_1[TSK3000A]图标上。

7.3 软件平台构建器的基本原理

Altium Designer 在 32 位处理器系统设计上采用 OpenBus 开放式总线的方式，提供了丰富的多媒体和网络相关的 IP 软核。用户对这些 IP 软核的使用虽然可以从寄存器级一步步进行程序的编写，但从底层到实际的应用，例如从 TFT_LCD 驱动模块 ILI9320 的驱动到基本图形以及字符的显示，需要进行大量代码的编写。

为了减少程序编写人员的工作量，提高使用 Altium Designer 进行系统开发的效率，Altium Designer 引入了一个新的功能集：软件平台构建器。软件平台构建器允许工程师快速地为其应用程序构建整个软件平台，使用的是一种图形化设计的方式，自动生成各种支持的器件驱动。

一个软件平台通常使用大量的库以及底层客户端代码和目标硬件进行连接。在设计的底层，工程师只需要管理所编写的应用程序以及应用程序与软件平台之间的接口。

软件平台构建器可以根据 Altium Designer 的硬件设计信息自动生成底层代码，设计者可以使用简单易用的图形化编辑器来构建该软件平台。随后用户可以在该平台的基础上构建特定目标的代码。这种方式彻底将设计者从使用特定处理器核以及特定硬件的代码编写中解放出来，设计者可以致力于其应用程序的开发，而不必关心底层硬件所发生的改变。

软件平台自身带有大量的器件驱动和高级服务程序，提供了一种例化的平台以方便用户进行应用程序代码的构建。

软件平台提供的服务程序包括：
- Storage Services：用于向 SD 卡、IDE 驱动、压缩 Flash 卡和 Flash 存储器存取文件及文件夹；
- Networking Services：用于提供对以太网的访问；
- Kernel Services：提供了 POSIX 兼容的多线程能力；
- GUI Services：允许对于现代图形界面的快速组建；
- Multimedia Services：用于音频和视频功能。

软件平台结构器是 POSIX 兼容的平台，并可通过添加客户自定制器件来进行扩展。

软件平台接口原理如图 7-21 所示，软件平台构建器文件是搭建在应用程序和底层硬件之间的桥梁，用户只需关注高级应用程序的开发，尽情发挥软设计带来的设计灵感，而不必花大量的精力和时间来考虑底层硬件的结构。

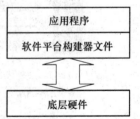

图 7-21 软件平台接口原理

软件平台构建器文件可以自动从 FPGA 设计的硬件结构部分获取底层硬件的信息,如所使用的处理器核和硬件外设信息。如图 7-22 所示,软件平台自动根据底层信息提供对于硬件的驱动(Driver)以及服务程序(Context)。

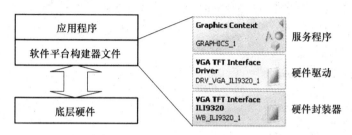

图 7-22 软件平台构建器文件结构

软件平台构建器提供如下优势:
- 使用图形化的编辑器构建嵌入式系统,更加快速更加容易;
- 驱动和软件服务程序代码的添加只需要鼠标单击的方式来完成;
- 设计者可以关注于应用程序代码的构建。

7.4 采用软件平台构建器进行嵌入式软件设计

(1) 右击 Projects 面板上的嵌入式工程,选择 Add New to Project→SwPlatform File 命令,为嵌入式项目添加一个软件平台文件,如图 7-23 所示。这时软件平台构建器被打开,如图 7-24 所示。

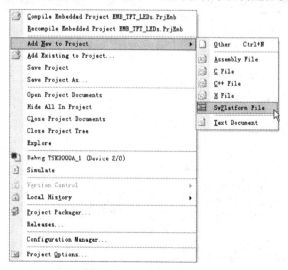

图 7-23 添加软件平台文件

Altium Designer EDA 设计与实践

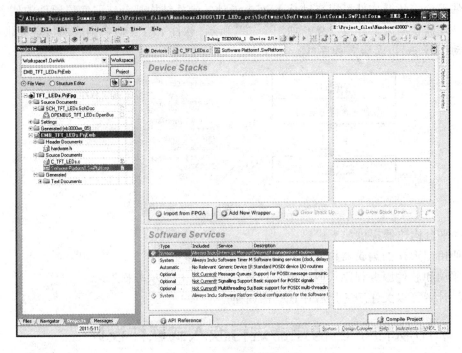

图 7-24 软件平台构建器

（2）单击窗口中的 Import from FPGA 按钮，导入硬件封装器，如图 7-25 所示。

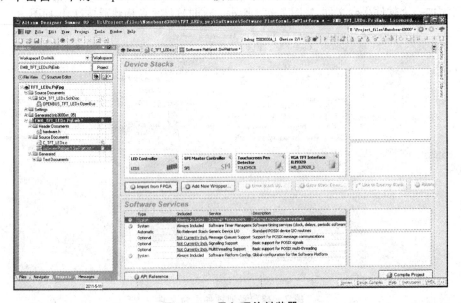

图 7-25 导入硬件封装器

(3) 选中其中一个硬件封装器,如 LED Controller,单击按钮 Grow Stack Up(如图 7-26 所示),进行硬件驱动栈的生长,弹出驱动栈生长对话框(如图 7-27 所示)。单击选中需要生长的驱动栈,单击 OK 完成添加(如图 7-28 所示),关闭对话框。

图 7-26　硬件驱动栈生长

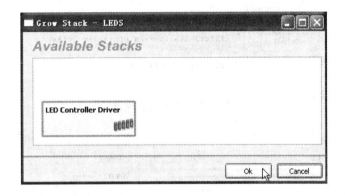

图 7-27　硬件驱动栈生长对话框

图 7-28　硬件驱动栈生长完成

(4) 生长驱动栈,如图 7-29 所示。

如图 7-29 所示,DRV_AD7843_1 驱动栈显示错误提示,把鼠标移动到该驱动上,提示 drv_spi 接口丢失(如图 7-29 所示)。可以采用以下方式把丢失的接口连接到已有驱动上。

(5) 右击 DRV_AD7843_1 驱动栈,选择菜单命令 Link to Existing Item 命令(如图 7-31 所示),然后鼠标单击 SPI Driver 驱动,完成驱动栈接口的连接,如图 7-32 所示。

(6) 继续完成驱动栈的生长,完成生长后的驱动栈如图 7-33 所示。

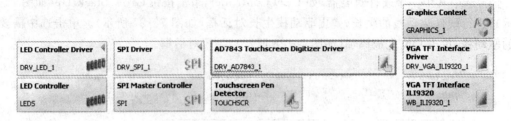

图 7-29　驱动栈生长

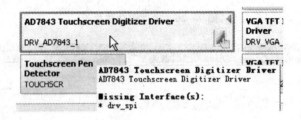

图 7-30　接口丢失提醒

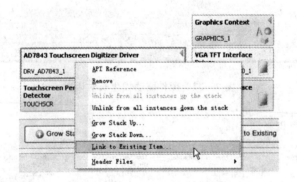

图 7-31　连接现有驱动栈

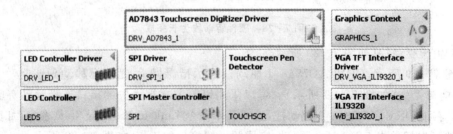

图 7-32　驱动栈接口连接完成

第 7 章　软件平台构建器设计技术

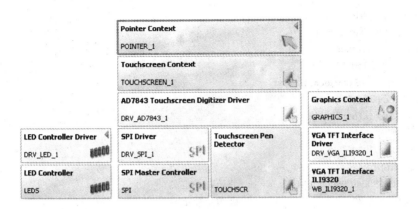

图 7-33　完成生长的驱动栈

（7）选中 Touchscreen Context 驱动服务模块,在窗口右上角出现配置对话框,选择 Setting 选项为 NB3000,如图 7-34 所示。

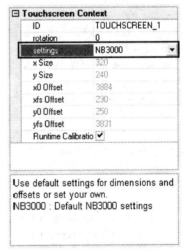

图 7-34　触摸屏驱动服务设置

到此,已经完成软件平台的构建,用户就可以在应用程序中使用软件平台所提供的驱动以及驱动服务程序。用户可以右击相关的驱动或者驱动服务模块,选择菜单命令 API Reference 来查看该驱动或者驱动服务模块所提供的 API 接口函数。

（8）在 C 语言文件中添加代码如下:

```
# include <stdint.h>
# include <stdbool.h>
# include <string.h>
```

```c
#include <graphics.h>
#include <touchscreen.h>
#include <pointer.h>
#include <drv_led.h>
#include "generic_devices.h"
#include "devices.h"
#include "led_info.h"

#define WIDTH 320
#define HEIGHT 240
#define BACKGROUND 0x000000ff        //开始背景定义
#define rCIRCLE 30                   //画圆半径定义

unsigned int cx, cy;
unsigned int cr, cg, cb, cc, cv;
char * cal1 = "Touch screen at marker";
graphics_t * display;
canvas_t * canvas;
touchscreen_t * tft_touch;
touchscreen_data_t * position;
touchscreen_callback_t callback;
pointer_t * ptr;
pointer_state_t * pointer_state;
led_t * leds;

void set_all_leds (uint32_t value)
{
    for(int i = 0; i < LEDS_NUM_LED_IDS; )
    {
        led_set_intensity(leds, i++, (uint8_t)(value>>16)); // 红色 LED
        led_set_intensity(leds, i++, (uint8_t)(value>>8));  // 绿色 LED
        led_set_intensity(leds, i++, (uint8_t)value);       // 蓝色 LED
    }
}

static void draw_mark(int x, int y, int width, int height, void * vp)
{
    graphics_draw_circle(canvas, x, y, 10, 0xff00ff);
    graphics_draw_line(canvas, x - 15, y, x + 15, y, 0x00ffff);
    graphics_draw_line(canvas, x, y - 15, x, y + 15, 0x00ffff);
    graphics_draw_string(canvas, 50, 110, cal1, NULL, 0xffffff, 0);
    graphics_set_visible_canvas(display, canvas);
```

第7章 软件平台构建器设计技术

}

```
void main (void)
{
    //连接 TFT、触摸屏驱动
    tft_touch = touchscreen_open(TOUCHSCREEN_1);
    ptr = pointer_open(POINTER_1);
    display = graphics_open(GRAPHICS_1);
    canvas = graphics_get_visible_canvas(display);
    leds = led_open(DRV_LED_1);
    led_turn_all_off(leds);

    // 清屏
    graphics_fill_canvas(canvas, BLACK);
    //刷屏
    graphics_set_visible_canvas(display, canvas);

    // 等待刷屏完成
    while(!graphics_visible_canvas_is_set(display));

    // 触摸屏校正
    touchscreen_set_callback(tft_touch, draw_mark, canvas);
    while(!touchscreen_calibrate(tft_touch, 320, 240))
    {
        set_all_leds(0xFF0000); // If Touchscreen can't calibrate RED ALERT!
    }
    led_turn_all_off(leds);

    //设置开始背景
    graphics_fill_canvas(canvas, BACKGROUND);
    graphics_set_visible_canvas(display, canvas);
    while(!graphics_visible_canvas_is_set(display));

    while(1)
    {
        if (pointer_update(ptr, pointer_state))
        {
            cx = pointer_state->x;
            cy = pointer_state->y;
            //计算显示颜色
            if(cy < 120)
            {
```

```
            cr = (119 - cy) * 2;
            cg = cy * 2;
            cb = 0;
        }
        else
        {
            cr = 0;
            cg = (239 - cy) * 2;
            cb = (cy - 119) * 2;
        }
        //显示颜色合成
        cc = (cb << 16) | (cg << 8) | cr;
        //求反色
        cv = ((~cc) & 0x00ffffff);

        set_all_leds(cv);                                      //LED 显示反色 cv
        graphics_fill_canvas(canvas, cc);                      //屏幕填充颜色 cc
        graphics_fill_circle(canvas, cx, cy, rCIRCLE, cv);     //反色显示圆点
        graphics_set_visible_canvas(display, canvas);          //刷屏
        while(!graphics_visible_canvas_is_set(display));       //等待刷屏完成
    }
  }
}
```

7.5 工程的构建以及下载运行

1. 为工程添加约束文件

(1) 右击 Projects 面板上的 FPGA 工程名称,选择 Configuration Manager,出现 FPGA 工程配置管理对话框。单击 Configuration 部分的 Add 按钮,出现新建配置(New Configuration)对话框,填入配置名称,例如 TFT_LEDs,单击 OK 关闭对话框。

(2) 单击 Constraint Files 部分的 Add 按钮,出现选择约束文件对话框。选择\Library\Fpga\文件夹中的 NB3000XN.05.Constraint 文件并打开。

(3) 返回配置管理对话框,勾选复选框(如图 7-35 所示),然后单击确定关闭对话框。

2. 工程的构建流程以及下载运行

(1)打开器件视图:View→Devices View。把 NanoBoard3000 目标板连接到电脑上,并且打开电源开关,选中 Live 复选框,确定 Connected 指示灯变为绿色(如图 7-36 所示)。

(2) 按步骤对器件视图中的工作流程进行操作:编译(Compile)→综合(Synthesize)→构建(Build)→程序下载(Program FPGA)。

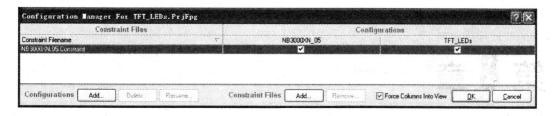

图 7-35 FPGA 工程配置对话框

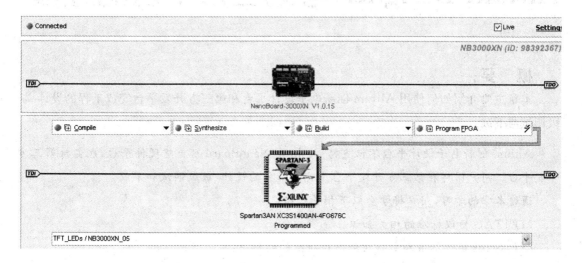

图 7-36 器件视图

(3) NB3000 目标板的 LCD 上显示触摸屏校正提示,LED 显示红色。进行校正后,LCD 屏幕显示蓝色背景,LED 熄灭。这时用户触摸 LCD 屏幕,屏幕上将显示彩色圆点,同时目标板上的 LED 显示圆点所对应的色彩,触摸屏幕不同的地方将会显示不同的颜色。

第 8 章
Altium Designer 与第三方平台的连接

概　要：

本章主要介绍如何使用 Altium 创新电子设计平台和第三方开发平台完成工程的设计、板级调试与下载。

Altium 创新电子设计平台不仅支持 Desktop NanoBoard 可重建硬件平台，也支持第三方开发平台。用户同样在第三方开发平台上完成工程的设计、板级调试和下载。

通过本章的学习，用户将学会以下相关知识：

(1) JTAG 协议标准的相关知识；

(2) Nexus 协议标准和支持该标准软核结构的知识；

(3) 在第三方开发平台上完成工程移植、板级调试和下载。

8.1　Altium Designer 与第三方开发板的连接

Altium Designer 不仅支持 NanoBoard 系列平台的板级验证和下载，也支持和第三方开发平台的板级调试和下载。用户可以使用该项功能获得和 NanoBoard 类似的可视化板级调试，同时也可以将在 NanoBoard 上验证的工程无缝移植到新的第三方开发平台。

8.1.1　传统的并口下载调试电缆的连接

早期的下载调试电缆一般都是基于并口方式设计的，例如 Altera 的 BlasterMV 和并口的 BlasterⅡ下载电缆。Altium Designer 支持并口下载调试电缆与第三方开发板的连接。

本节采用第三方的 Altera 开发板，直接通过并口下载调试电缆连接 Altium Designer 和开发板，在 Devices View 中可以看到开发板上的 FPGA 图标型号，如图 8-1 所示。

第 8 章　Altium Designer 与第三方平台的连接

图 8-1　并口下载调试电缆扫描第三方 FPGA 开发平台

注意：Altium Designer 目前不支持 FPGA 器件厂商的 USB 接口下载调试电缆。

8.1.2　Altium USB JTAG 适配器的连接

Altium Designer 专门为第三方开发推出 USB JTAG 适配器，如图 8-2 所示。

图 8-2　Altium JTAG 适配器

8.1.3　NanoBoard 与第三方开发板的连接

NanoBoard 2 开发平台自身具备两路 User JTAG 接口，用户可通过该接口同时和两块第三方开发板连接。本章节就是通过 NanoBoard 2 平台的 User JTAG 接口和第三方开板进行连接。在完成连接后，Altium Designer 可以同时扫描到 NanoBoard 2 平台的核心 FPGA 和第三方开发平台的 FPGA，如图 8-3 所示。

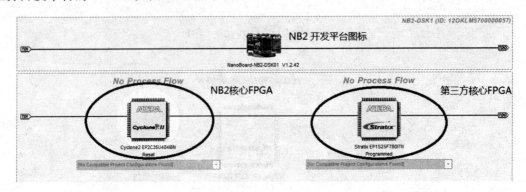

图 8-3 NanoBoard 2 平台 User Jtag 扫描自身与第三方核心 FPGA

用户也可以将 NanoBoard 2 平台的核心 FPGA 子板去掉，此时 NanoBoard 2 平台相当于 Altium USB JTAG 适配器，如图 8-4 所示。

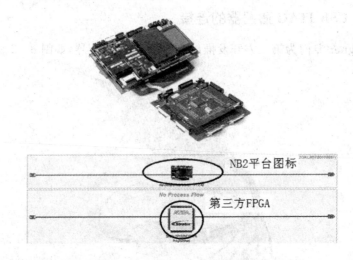

图 8-4 NanoBoard 2 平台单独扫描第三方核心 FPGA

本章节采用这种方式完成与第三方核心 FPGA 的连接。

8.2 Altium Designer JTAG 扫描链

8.2.1 从 JTAG 的发展谈起

JTAG 是英文"Joint Test Action Group（联合测试行为组织）"的词头字母的简写。该组织成立于 1985 年,是由几家主要的电子制造商发起制订的 PCB 和 IC 测试标准。JTAG 建议于 1990 年被 IEEE 批准为 IEEE1149.1.1990 测试访问端口和边界扫描结构标准。该标准规定了进行边界扫描所需要的硬件和"软"件。自从 1990 年被批准后,IEEE 分别于 1993 年和 1995 年对该标准作了补充,形成了现在使用的 IEEE1149.1a.1993 和 IEEE1149.1b.1994。JTAG 两个版本,主要应用于电路的边界扫描测试和可编程芯片的在系统编程。

JTAG 最初目的是实现边界扫描,在不用探针的情况下实现 IC 芯片内部的测试,其基本原理图是在器件内部定一个 TAP(Test Access Port),然后通过专用的 JTAG 完成对内部节点的测试。在 JTAG 扫描链条上,每个连接在扫描链上的小型逻辑电路被称为边界扫描单元。每个扫描单元通过配置后可监控器件引脚的数值,并且相邻的扫描单元彼此连接构成了串行扫描链,允许数据通过扫描单元直接获取。标准的物理 JTAG 扫描块结构如图 8-5 所示,其接口包括测试数据输入(TDI)、测试数据输出(TDO)、测试时钟(TCK)和测试模式选择引脚(TMS),有的还添加一个异步测试复位引脚(TRST)。

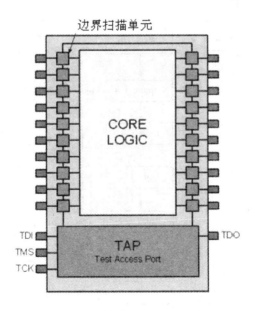

图 8-5 标准的 JTAG 物理扫描块

Test Access Port:TAP 是 JTAG 通信的核心模块。TAP 包含了一套完整的寄存器和控制器实现 JTAG 接口的操作,其中共有两类寄存器与边界扫描相连,包括一个指令寄存器和多个数据寄存器。

指令寄存器用于寄存保持当前的指令,指令将用于 TAP 控制器执行什么操作。一般而言,指令寄存器的内容将决定哪一个数据寄存器的信号被传输。

3类主要的数据寄存器包括：

(1) 边界扫描寄存器(BSR)：核心测试数据寄存器，由核心逻辑与引脚驱动器相连接的JTAG单元组成。用于引脚驱动器数据的传输和采集。

(2) 旁路寄存器(BYPASS)：用于完成TDI和TDO之间信息传输的单一类型寄存器。

(3) ID编码寄存器(IDCODES)：内容包含了ID编码和驱动器的版本序列号。该寄存器内容信息实现了驱动器与边界扫描描述语言文件(BSDL)进行连接。其中BSDL包含了驱动器边界扫描配置的细节信息。

其他寄存器可用于功能扩展，不属于JTAG标准所规定的内容。

TAP控制器由1个16状态的有限状态机组成，如图8-6所示。

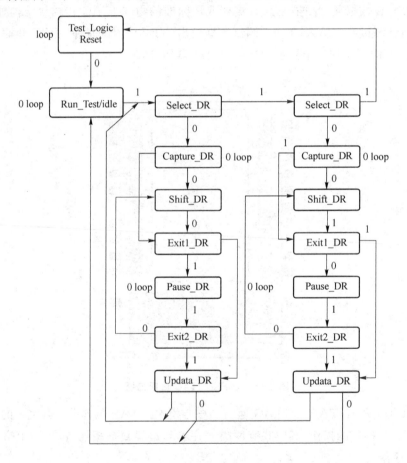

图8-6　TAP控制器状态机

在该状态机中，每个状态都有两个分支，因此所有的状态转换都可以由TMS状态进行控制,其中 TMS 状态由 JTAG TCK 时钟上升沿决定。状态机中两个主要状态分支分别从指令寄存器(IR)或者数据寄存器(DR)设置或者获取数据。其中数据寄存器的信息由之前指令寄存器存储的信息决定。

JTAG 协议表述了一个指令编码只能按照以下 3 种方式执行。

- BYPASS 方式:TDI 和 TDO 通过旁路寄存器相互连接。
- EXTEST 方式:TDI 和 TDO 通过边界扫描寄存器相互连接。器件引脚采样状态的更新将由 capture_dr 控制,并且在 shift_dr 置"1"时将新的数值转换至 BSR 寄存器中;这些数值信息之后将被 update_dr 状态用于器件的引脚操作。
- SAMPLE/RELOAD 方式:TDI 和 TDO 通过边界扫描寄存器相互连接。在这种情况下,器件工作于正常的模式的情况下 BSR 仍然可以完成引脚状态的采样。指令也同样能够将测试数据预装至 BSR 以提前完成 EXTEST 指令的加载。

8.2.2 JTAG 扫描的级联

符合 JTAG 标准的器件可以彼此级联组成一个 JTAG 驱动链,如图 8-7 所示。其中前级的 TDO 与下一级的 TDI 以串联的方式进行连接,而 TMS 和 TCK 采用并联的方式进行连接,数据可以由 TMS 控制并且通过 JTAG 链读取或者加载至任意一个寄存器。

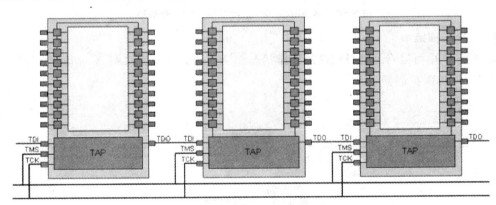

图 8-7 JTAG 驱动链结构

当读写特定的驱动器时,其他的驱动器则工作于旁路模式,使得多个器件可同时在 JTAG 链上工作而不降低 JTAG 的通信能力。

8.2.3 Altium Designer JTAG 的类型

Altium Designer JTAG 同样符合 JTAG 协议标准。将 NanoBoard 与 PC 平台进行连接,执行菜单中的 View→Devices Views,在图 8-8 所示界面中用户可以直接看到 JTAG 扫描链的接口(TDI 和 TDO)。

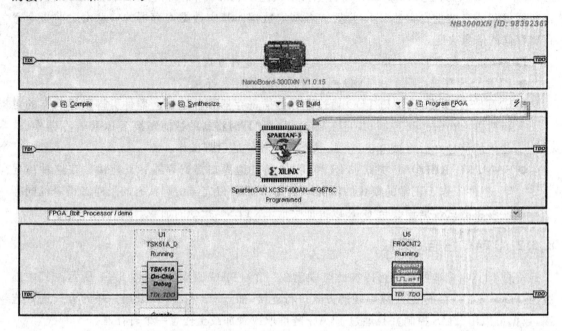

图 8-8　从 Altium Designer 查看 JTAG 扫描链

1. 板级扫描链

从图 8-9 中可以看到板级扫描链工作状态。该扫描链将直接检测 NanoBoard 控制驱动器或者 NanoTalk 控制器。

图 8-9　板级扫描链

如 4.3.2 章节介绍，NanoBoard 可视化操作实际上就是通过该扫描链完成对板上 SPI 接口器件的配置操作，例如 SPI 接口的存储器、时钟控制器。

2. "硬"扫描链

"硬"扫描链将负责检测该扫描链上的所有可编程器件，包括了 NanoBoard 上的 FPGA 子板、通过 NanoTalk 连接的其他 NanoBoard 平台 FPGA 芯片、通过 JTAG 接口连接的第三方开发平台的 FPGA 芯片，如图 8-10 所示。

第 8 章　Altium Designer 与第三方平台的连接

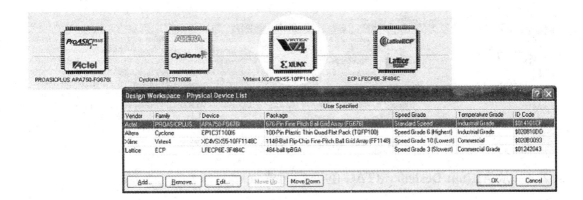

图 8-10　"硬"扫描链

3. "软"扫描链

与"硬"扫描链对应，"软"扫描链将负责检测该扫描链上包含了 Nexus. enable 标准的软核器件。Nexus 5001 标准用于主机和所有符合该标准器件之间的调试功能的通信。Nexus. enable 标准器件包括了全功能调试使能（OCD 版本）处理器和虚拟仪器，例如可配置的频率发生器、频率计数器、数字 IO 以及逻辑分析器等。

在图 8-11 所示的"软"扫描链中，检测到符合 Nexus 标准的两个软核处理器。在软核处理器图标下方显示了软件编译和下载选项，用户可以利用此功能独立执行运行于软核处理器内代码的重编译和下载。

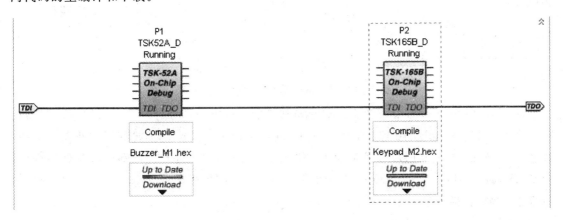

图 8-11　"软"扫描链

在 Nexus Core Components 列表栏中，用户可以查看扫描链上符合 Nexus 标准的器件，包括了软核处理器、虚拟仪器、存储器模块等，如图 8-12 所示。

图 8-12 Nexus Core Components 列表栏

8.2.4 从 Altium Designer JTAG 的连接方式谈起

一般而言，Altium Designer 的全功能的 JTAG 链接结构如图 8-13 所示。

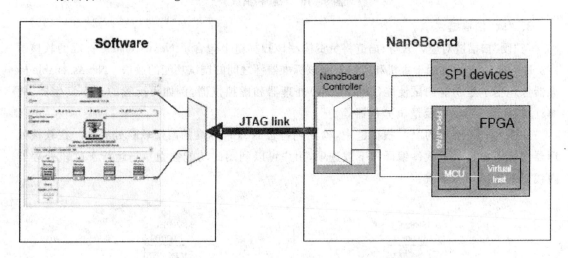

图 8-13 Altium Designer JTAG 链接方式

在图 8-13 中，JTAG link 为 JTAG 标准协议的链接电缆，完成目标平台和 PC 之间的连接。JTAG 通过 NanoBoard 控制器完成 Altium Designer 各类型 JTAG 数据的转发与汇集，通过 NanoBoard 控制器用户可完成包括板级扫描链、"硬"扫描链和"软"扫描链数据的传输；在 PC 端，通过 Altium Designer 的处理再将 JTAG 链上的数据区分为板级扫描信息、"硬"扫描信息和"软"扫描信息。

8.2.5 Altium Designer JTAG 扫描链特点

在三类扫描链中，"软"扫描链是 Altium Designer 的特点之一。该扫描链是基于 Nexus5001 标准构建的，第 5 章初步介绍了 Nexus 的组成，由于篇幅的显示，这里只简要介绍 Altium 基于该标准设计的软核结构,关于 Nexus 更详细的信息请登录 www.nexus5001.org 网站获取。

在 Altium Designer 中,支持该标准的软核以预综合方式发布,便于在 FPGA 内部运行,其结构包括 JTAG 标准端口结构和使用 Nexus 标准的在线调试模块或者指令控制层,如图 8-14 所示。

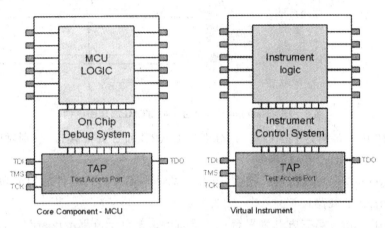

图 8-14　Altium De*sin*ger Nexus 标准的"软"核器件结构

在图 8-14 中,左图为 Nexus 软核处理器结构,Altium Designer 将在线调试模块桥接与 JTAG 标准端口结构和 MCU 软核逻辑单元之间。右图为 Nexus 虚拟仪器结构,Altium Designer 将指令控制层桥接与 JTAG 标准端口结构和虚拟仪器软核逻辑单元之间。Altium Designer 可通过 Nexus 协议的 JTAG 协议端口信号线调试模块或者指令控制层,完成对软核处理器的在线调试和虚拟仪器的在线操作功能。

在 Altium Designer 中,用户需要采用图标方式使能 Nexus JTAG 功能。方法请参考 5.3.2 章节内容。

8.3　Altium Designer 第三方开发板工程移植

在 Altium 官方主页 http://www2.altium.com/forms/search/thirdpartyboards.aspx 介绍了目前 Altium 支持的第三方开发平台的连接方法和工程案例。作为 FPGA 器件的第三方通用开发环境,Altium Designer 可以实现绝大部分 FPGA 器件型号的工程设计。

首先需要确定 NanoBoard 2 JTAG 端口的排列。打开 NanoBoard 2 原理图文件 NB2DSK01 Desktop NanoBoard Schematics.pdf,找到该平台的 User Board JTAG 接口原理图结构,如图 8-15 所示。

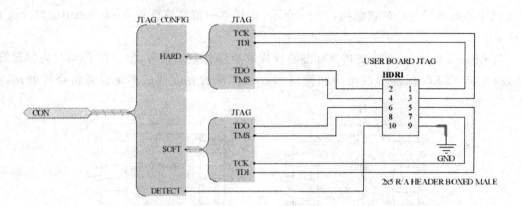

图 8-15 NanoBoard 2 平台 User JTAG 原理图结构

在图 8-15 中具备两路 JTAG 接口,分别为 HARD 和 SOFT 接口,分别对应"硬"扫描和"软"扫描。

HARD 接口对应于 FPGA"硬"扫描,用以完成对 FPGA 物理器件的扫描和下载(类似于 Altera 的 BlasterII 下载器)。

本章节选用 Xilinx 第三方开发平台——Spartan.3 Starter Kit Board。将 NanoBoard 2 平台的 User Board A 接口的 HARD 接口与 Spartan 3E Starter Kit Board 的 JTAG 端口进行连接,如表 8-1 所列。

表 8-1 "硬"扫描连接表

NB2 User Board A 接口	Spartan 3E Starter Kit Board JTAG 端口
PIN1(TDI)	TDI
PIN2(TDO)	TDO
PIN3(TCK)	TCK
PIN4(TMS)	TMS
PIN9(GND)	GND
PIN10(DETEDT)	GND

打开 NanoBoard 2 平台和 Spartan.3 Starter Kit Board 电源,执行菜单中的 View→Devices Views,可在观察到如图 8-16 所示"硬"扫描链结构。

注意: 板级扫描链目前仅支持标准的 NanoBoard 平台。采用 NanoBoard 2 平台与第三方开发平台进行连接时,板级扫描链仍然能够扫描到如图 8-9 所示 NanoBoard 2 平台;采用 Altium USB JTAG 适配器连接第三方开发平台时,板级扫描链无法显示平台的图标型号。

第8章 Altium Designer 与第三方平台的连接

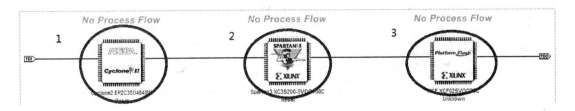

图 8-16　NanoBoard 2 连接 Spartan.3 Starter Kit Board 的"硬"扫描链

其中 1 号 FPGA 为 NanoBoard 2 平台的核心 FPGA，2 号 FPGA 为 Spartan 3E Starter Kit Board 的核心 FPGA，3 号器件为 Spartan 3E Starter Kit Board 的配置 Flash 存储器。

这里给出的例子是一个简单的扭环计数器——Simle_Counter.PrjFpg 工程。这是一个同步计数器，移位寄存器的输出信号通过反相器接入到输入端。其原理图和相关文件位于 Altium Designer 安装目录下的\Examples\Tutorials\Getting Started with FPGA Design 文件夹中，原理图如图 8-17 所示。

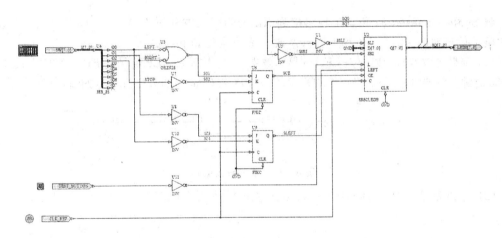

图 8-17　Simle_Counter.PrjFpg 工程原理图结构

该电路主要具备以下功能：
- 方向控制——计数可以从左到右，也可以从右到左，取决于拨码开关(DIP)设置；
- 停止控制——计数可以停止也可以重启，取决于拨码开关(DIP)设置；
- 清除控制——通过 TEST_BUTTON 按键度计数器清零，使所有 LED 熄灭。

为该工程添加 NB2DSK01_08_DB31_06_BoardMapping、DB31.06、NB2DSK01.08 约束文件，它们分别位于安装目录下\Examples\Soft Designs\Analog\Max1037 adc 文件夹和\Library\Fpga 文件夹下。该约束文件将拨码、TEST_BUTTON 按键、时钟输入以及 LEDS 端口分别约束至 NanoBoard 2 相应的端口。

执行菜单中的 View→Devices Views，出现如图 8-18 所示多个 FPGA 的工程下载界面。

·243·

图 8-18 多 FPGA 下载界面

如图 8-18 所示,扫描链同时扫描到 3 个可编程逻辑器件。当前的工程将编译、综合和下载至哪个可编程逻辑器件,将决定于工程约束文件中 Part 变量的数值。由于当前默认的 NB2 约束文件 Part 值为 NanoBoard 2 核心 FPGA 器件型号(EP2C35F672C8),因此在图 8-18 中工程将被编译、综合和下载至 Altera Cyclone2 EP2C35F672C8 FPGA 器件。

用户直接单击 Program FPGA 按键可完成工程的编译、综合、建立和下载。

8.3.1 从最简单的 Simple_Counter 工程移植开始

将 Simle_Counter.PrjFpg 工程移植到 Xlinx 的第三方开发平台,需要根据第三方开发平台的硬件信息对时钟、端口和约束进行修改。移植流程如下:

(1) 降低计数器时钟以加强 LED 的显示效果。在 CLOCK_REF 信号线上以串联的方式接入 3 个 256 时钟分频器电路图标(CDIV256DC50,位于 FPGA Generic.IntLib 库下),如图 8-19 所示。

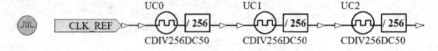

图 8-19 接入分频器图

(2) 将原理图中 NanoBoard 2 端口图标修改为原理图接口图标,如图 8-20 所示。

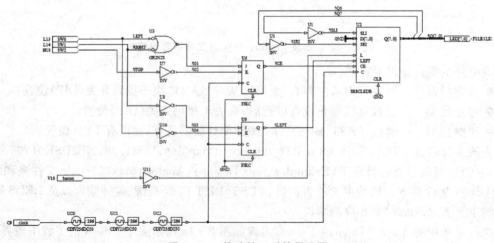

图 8-20 修改接口后的原理图

第8章　Altium Designer与第三方平台的连接

修改端口对应表格如表8-2所列。

表8-2　端口修改对应表

名　称	NanoBoard 2图标	修改后图标及端口名	方向属性
CLOCK_BOARD	CLK_BRD	clock clock	input
TEST_BUTTON	TEST_BUTTON	button button	input
DIPSWITCH	SW[7..0]	SW0 SW1 SW2 SW0 SW1 SW2	input
LED	LEDS[7..0]	LED[7..0] LED[7..0]	output

（3）去掉原来的约束文件，为工程添加一个约束文件，并根据第三方开发平台的参数在该文件内添加如表8-3所列约束条件。

表8-3　"硬"扫描约束条件表

约束属性类型	约束目标	约束数值
Part	XC3S500E-4FG320C	
FPGA_CLOCK_PIN	clock	True
FPGA_PINNUM	clock	C9
FPGA_PINNUM	SW0	L13
FPGA_PINNUM	SW1	L14
FPGA_PINNUM	SW2	H18
FPGA_PINNUM	button	V16
FPGA_PINNUM	LED[7..0]	F12,E12,E11,F11,C11,D11,E9,F9

在Devices Views界面下，由于约束改变，工程已经被从属于XC3S500E-4FG320C型号的FPGA（第三方开发平台核心FPGA），如图8-21所示。

单击Program FPGA可完成工程的编译、综合、建立和下载。

注意： Altium Designer JTAG扫描的FPGA型号和实际开发平台的FPGA型号并不完全一致，有时会导致Build过程错误。用户可右击FPGA执行Switch图标选择正确的FPGA型号，如图8-22所示。

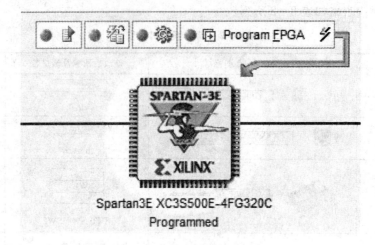

图 8-21 工程从属性的改变

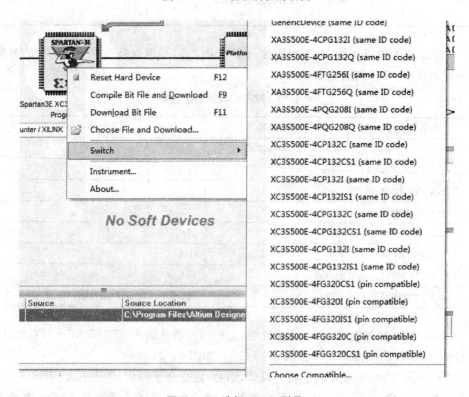

图 8-22 选择 FPGA 型号

第 8 章　Altium Designer 与第三方平台的连接

8.3.2　将工程下载至第三方开发平台的 FPGA 配置 Flash 中

由于 FPGA 的配置 Flash 芯片也符合 JTAG 标准,因此在图 8-16 中硬扫描链也同时扫描到了配置芯片。

单击图 8-16 中第三方开发平台 FPGA 配置 Flash 芯片图标,弹出如图 8-23 所示对话框。

图 8-23　Flash 操作对话框

在图 8-23 所示对话框中,用户可以单击 ![Choose & Download] 按键选择需要下载的文件。

对于 Xilinx 的 FPGA,配置 Flash 文件需要在可视化下载流程中的 Build 步骤中设置 Make PROM File 选项,如图 8-24 所示。

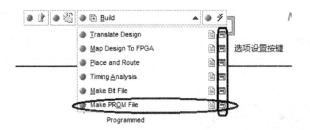

图 8-24　Xilinx PROM 设置选项

单击 Make PROM File 选项设置按键,在弹出对话框完成设置,如图 8-25 所示。

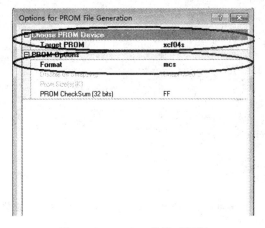

图 8-25　PROM 设置对话框

完成 PROM 设置后,重新执行 Build 步骤,Altium Designer 会在工程目录下的\ProjectOutputs\XILINX 文件夹成成下载文件(*.mcs 格式)。将该下载文件下载至配置 Flash 后,完成配置文件的 Flash 固化。

8.3.3 运用"软"链调试设计

Altium Designer"软"扫描支持包括软核处理器和虚拟仪器的在线调试。将图 8-15 中 NanoBoard 2 平台的 User Board A 接口的 SOFT 与 Spartan 3E Starter Kit Board 的 IO 按表 8-4 所列内容进行连接。

表 8-4 "软"扫描连接表

NB2 User Board A 接口	Spartan 3E Starter Kit Board JTAG 口
PIN5(TDI)	D7
PIN6(TDO)	C7
PIN7(TCK)	F8
PIN8(TMS)	E8

注意:"软"扫描链接口可以分配至第三方 FPGA 的任意 4 个 IO 端口上。

NanoBoard 2 和 Spartan 3E Starter Kit Board 的"软""硬"链连接图分别如图 8-26、8-27 所示。

图 8-26 NanoBoard 2 和 Spartan 3E Starter Kit Board 整体连接图

第 8 章 Altium Designer 与第三方平台的连接

图 8 – 27　NanoBoard 2 和 Spartan 3E Starter Kit Board 局部连接图

连接"软"扫描端口的方法如下：

在原理图中添加 NEXUS_JTAG_PORT 电路器件图标（位于 FPGA Generic. IntLib 库）和 NEXUS_JTAG_CONNECTOR 电路器件图标（位于 FPGA NB2DSK01 Port – Plugin. IntLib 库），并将它们连接成如图 8 – 28 所示，Nexus"软"扫描链端口被连接至 NEXUS_JTAG_CONNECTOR 电路器件图标的各个端口。

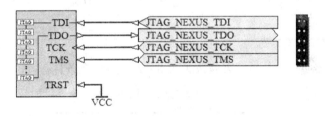

图 8 – 28　添加 Nexus"软"扫描图标

如 5.3.2 章节介绍，图 8 – 28 中的 NEXUS_JTAG_CONNECTOR 电路器件图标为 NanoBoard 图形化端口约束图标，该图标共包括 4 个端口：JTAG_NEXUS_TDI、JTAG_NEXUS_TDO、JTAG_NEXUS_TCK 和 JTAG_NEXUS_TMS。按照表 8.4 的实际"软"扫描端口，用户需要在工程约束文件中添加如表 8 – 5 所列的约束条件。

表 8 – 5　"软"扫描约束条件表 1

约束属性类型	约束目标	约束数值
FPGA_PINNUM	JTAG_NEXUS_TDI	D7
FPGA_PINNUM	JTAG_NEXUS_TDO	C7
FPGA_PINNUM	JTAG_NEXUS_TCK	F8
FPGA_PINNUM	JTAG_NEXUS_TMS	E8

NEXUS_JTAG_PORT 电路器件图标为"软"扫描链数据端口,它是 Altium Designer 工程中 Nexus"软"扫描链的数据的终端。因此在连接 Nexus"软"扫描链的数据的终端时,用户也可以直接使用原理图端口,如图 8-29 所示。

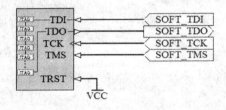

图 8-29 采用原理图端口完成"软"扫描端口的连接

其中各个原理图端口的名称方向属性如表 8-6 所列。

表 8-6 "软"扫描链端口与原理图端口连接对照表

端口名称	端口方向属性	连接 NEXUS_JTAG_PORT 端口
SOFT_TDI	Input	TDI
SOFT_TDO	Output	TDO
SOFT_TCK	Input	TCK
SOFT_TMS	Input	TMS

在约束文件中,将表 8-5 的约束修改为表 8-7 所列约束条件。

表 8-7 "软"扫描约束条件表 2

约束属性类型	约束目标	约束数值
FPGA_PINNUM	SOFT_TDI	D7
FPGA_PINNUM	SOFT_TDO	C7
FPGA_PINNUM	SOFT_TCK	F8
FPGA_PINNUM	SOFT_TMS	E8

完成"软"扫描端口 IP 的连接后,按照第 4 章节的介绍,可在原理图中添加符合 Nexus 标准的软核 IP 电路器件图标。

在本工程原理图中添加 CLKGEN 和 FRQCNT2(位于 FPGA Instruments.IntLib 库)软核 IP 虚拟仪器,并将它们连接,如图 8-30 所示。

在 Devices Views 界面下重新单击 Program FPGA 按键。在下载结束后,界面会出现如

第8章 Altium Designer 与第三方平台的连接

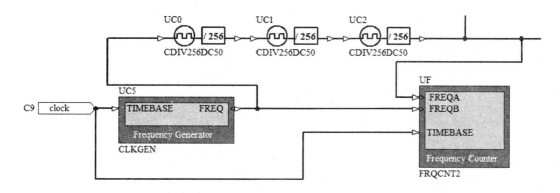

图 8-30 虚拟仪器连接图

图 8-31 所示的"软"扫描链,同时在该扫描链上会出现所添加的虚拟仪器图标,用户可按照第 4 章据介绍内容操作虚拟仪器。

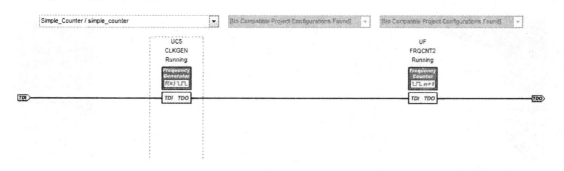

图 8-31 第三方开发平台"软"扫描链

注意:由于 NanoBoard 2 平台的"软"扫描端口直接连接至其核心 FPGA 子板的 IO 端口,因此需要移除该核心 FPGA 子板,第三方开发平台"软"扫描才能正常工作。传统的并口下载器(例如 Altera 的 BlasterII 下载器)由于没有 SOFT 接口,因此无法支持"软"扫描链。